# 濒临
# 灭绝的动物

刘盼盼 ◎ 编著

在未知领域　我们努力探索
在已知领域　我们重新发现

延边大学出版社

**图书在版编目（CIP）数据**

濒临灭绝的动物 / 刘盼盼编著 .—延吉：

延边大学出版社，2012.4（2021.1 重印）

ISBN 978-7-5634-3958-4

Ⅰ .①濒… Ⅱ .①刘… Ⅲ .①濒危动物—青年读物

②濒危动物—少年读物 Ⅳ .① Q111.7-49

中国版本图书馆 CIP 数据核字 (2012) 第 051797 号

**濒临灭绝的动物**

————————————————————————————————

编　　　著：刘盼盼

责 任 编 辑：林景浩

封 面 设 计：映象视觉

出 版 发 行：延边大学出版社

社　　　址：吉林省延吉市公园路 977 号　　邮编：133002

网　　　址：http://www.ydcbs.com　　E-mail：ydcbs@ydcbs.com

电　　　话：0433-2732435　　传真：0433-2732434

发行部电话：0433-2732442　　传真：0433-2733056

印　　　刷：唐山新苑印务有限公司

开　　　本：16K　690×960 毫米

印　　　张：10 印张

字　　　数：120 千字

版　　　次：2012 年 4 月第 1 版

印　　　次：2021 年 1 月第 3 次印刷

书　　　号：ISBN 978-7-5634-3958-4

————————————————————————————————

定　　　价：29.80 元

# 前 言
Foreword

　　在这个蓝色的星球上，曾经有过无数的统治者，然而从未有一种统治者能够像人类这样，攀上史无前例的高峰；也从来没有任何一种统治者像人类这样，带给今天的地球环境如此巨大的冲击。

　　我国是世界上野生动物种类最丰富的国家之一，约占世界总种数的10％左右。复杂的地形、多样的气候、古北界和东洋界两大动物地理区在我国交汇，未遭受第四纪冰川覆盖，这些是形成我国野生动物多样性的根本原因。

　　扬子鳄是一种古老的爬行动物，经历了地质史上的冰川气候和造山运动等大变化而幸存下来，在地球上存活至少1亿年了。由于它的体型、构造和古代恐龙接近。因此被称为恐龙的活化石。在20世纪50年代，扬子鳄的数量还相当多，后来因被人们大量捕杀，再加上人口增多，占领了扬子鳄适宜的生存环境，导致扬子鳄迅速减少。目前，扬子鳄数量已不足 500 只，只限于江苏、安徽的长江南岸。还有更多的动物濒危，挣扎在生死线上。被称为"水中大熊猫"的白鲟，同样有着活化石之称的娃娃鱼，珍稀的水中哺乳动物白鳍豚，国宝大熊猫，我们人类的近亲金丝猴等珍贵的动物，都有着不同的价值，是自然界赐给我们的礼物。可是，由于现代人把一些非常珍贵的野生动物抓来煮食或做成药材来补身体，使得一些非常少见的野生动物已经面临绝种的危机，因此，一定要保护这些濒临绝种的野生动物。

在自然界中，漂亮的鸟类、动物可供我们人类观赏，有些动物全身是宝，可使我们利用、治疗疾病等，具有很高的价值。目前，不仅仅是某些国家在保护濒危动物，而是呼吁全世界的人们共同来完成。不但要保护濒危的动物，对于在生活中、经济市场利用量较大的动物也要加以保护，让其种类继续繁殖，才能让我们长久利用。

在目前整个大生物圈中，某一种生物的灭绝都会引起严重的连锁反应，这种连锁式的生物物种灭绝危机正在威胁着人类的生存基础。那么，换句话说，保护动物就等于保护人类自己。野生动物作为自然生态系统中的重要组成部分，是一种宝贵的资源，具有独特的科学文化价值。保护野生动物、保护生态环境，我们应该可以做得更多。从自身健康和保护野生动物资源的角度，不要食用野生动物，要营造一个人与自然和谐相处的环境。

本书将带你认识徘徊在濒危边缘的动物，了解各种动物对生存的基本需求以及它们存在的价值。

# 目录
CONTENTS

## 第❶章
### 濒临灭迹的鸟类

东方明珠——朱鹮 …………………… 2

中华秋沙鸭 …………………………… 5

"游泳健将"——潜鸟 ………………… 7

"潜水明星"鸬鹚 …………………… 10

琵琶嘴——黑脸琵鹭 ……………… 16

灰色皇冠鹤 ………………………… 18

"晚间使者"夜鹰 …………………… 20

隼类——视力最强的鸟类之一 …… 22

猫头鹰类——红角鸮 ……………… 25

燕窝的制造者——雨燕 …………… 26

海上"预报员"——海鸥 …………… 29

团结的大雁 ………………………… 36

鸟中君子——黑鹳 ………………… 43

## 第❷章
### 接近灭亡的淡水鱼类

国宝活化石——中华鲟 …………… 48

最大的淡水鱼之一——巨骨舌鱼 … 50

淡水鱼之王——香鱼 ……………… 52

水中珍品——三文鱼 ……………… 55

五颜六色的石斑鱼 ………………… 57

鸭绿江原种面条鱼 ………………… 59

# 第❸章

## 即将消失的爬行动物

奇特的动物——鳄蜥 …………………………… 62

最大的蜥蜴——巨蜥 …………………………… 64

中华龙——扬子鳄 …………………………… 68

海龟科——玳瑁 …………………………… 70

与鳖相似的山瑞 …………………………… 75

四爪陆龟 …………………………… 77

# 第❹章

## 稀少的两栖动物

蟾蜍 …………………………… 82

"石梆"——虎纹蛙 …………………………… 87

神奇的火蜥蜴 …………………………… 89

怪异的鸭嘴兽 …………………………… 91

活化石——娃娃鱼 …………………………… 97

# 第❺章

## 珍贵的哺乳动物

可爱的鹿瞪羚 …………………………… 102

可可西里的骄傲——藏羚羊 …………………………… 104

珍贵的旋角羚 …………………………… 108

似羊非羊——羚牛 ……………………… 111

美人鱼——海牛 ……………………… 115

国宝——大熊猫 ……………………… 118

九节狸——大灵猫 ……………………… 121

灵长动物——金丝猴 ……………………… 125

美丽的白唇鹿 ……………………… 130

魁梧的双峰驼 ……………………… 133

水中珍宝——白鳍豚 ……………………… 136

中华古猫——华南虎 ……………………… 139

跳跃高手——斑羚 ……………………… 143

保护濒危动物的主要措施 ……………………… 145

# 濒临灭迹的鸟类

BINLINMIEJIDENIAOLEI

　　据统计，地球上曾经有过 16 万种鸟，第三纪为鸟类的鼎盛时期。更新世四次大的冰期中，约有 25% 的鸟类绝灭消失。更新世晚期人类出现以后，平均每 83 年有一种鸟绝迹。1600~1900 年的 300 年间，绝灭鸟类 90 种。在鸟类濒临绝种的原因中，栖息地破坏以及改变占绝大部分，人类捕杀也严重影响它们的存在，另外就是外来引入种竞争、国际性贸易、污染等。不同的鸟类有着不同的特征和习性，在整个生物圈占据着不同的生态地位。

# 东方明珠——朱鹮

**Dong Fang Ming Zhu —— Zhu Huan**

※ 朱鹮

朱鹮雌雄两鸟的羽色相似，体羽为白色，羽基微微呈粉红色。后枕部有长的柳叶形羽冠；额头到面颊部皮肤裸露，为鲜红色。初级飞羽基部粉红色比较浓。嘴细长而末端下弯，长约 18 厘米，黑褐色有红端。腿长约 9 厘米，为朱红色。属于国家一级保护动物，朱鹮是稀世珍禽，过去在中国东部、日本、俄罗斯、朝鲜等地曾有较广泛的分布，由于环境恶化等因素导致种群数量急剧下降，20 世纪 70 年代在野外已失去了踪影。

## ◎朱鹮习性及分布

朱鹮对生存条件的要求相当高，仅依赖于在高大的树木筑巢栖息，周围有水田、沼泽地带可供觅食，天敌相对较少的幽静的环境中生活。晚上在大树上过夜，白天到没有施用过化肥、农药的稻田、泥地或土地上，以及清洁的溪流等环境中去找寻食物。

朱鹮生活在温带山地森林和丘陵地带，大多数生活在邻近水稻田、河滩、池塘、溪流以及沼泽等湿地环境。它们性情孤僻而沉静，胆小且怕人，平时都会结成对或者小群活动。

朱鹮的食物有鲫鱼、泥鳅、黄鳝等鱼类，蛙、蝌蚪、蝾螈等两栖类，蟹、虾等甲壳类，贝类、田螺、蜗牛等软体动物，蚯蚓等环节动物，蟋蟀、蝼蛄、蝗虫、甲虫、水生昆虫以及昆虫的幼虫等，有时还吃一些蔬

濒临灭绝的动物

菜、稻米、小豆、谷类、草籽、嫩叶等植物性的食物。

它们在浅水或泥地上觅食的时候，常常会将长而弯曲的嘴不断插入泥土和水中去探索，一旦发现食物，会迅速地吃掉。休息时，把长嘴插入背上的羽毛中，任凭头上的羽冠在微风中飘动，非常潇洒动人。飞行时头向前伸，脚向后伸，鼓翼缓慢且有力。在地上行走时，步履轻盈、迟缓，显得闲雅而矜持。它们的鸣叫声与乌鸦很相似，除了起飞时偶尔鸣叫外，平时会非常沉默。

朱鹮的繁殖季节通常在春天，成年的雄鸟和雌鸟结合成对，然后就会离开过冬时组成的群体，分散在栓皮栎树等高大的乔木树上去筑巢、产卵。直到60天后，雏鸟的羽翼丰满起来，但还远没有发育成熟，它们的羽毛比成熟朱鹮的颜色会较深，一般为灰色。

历史上的朱鹮不仅分布广泛而且数量巨大，它是东亚地区常见的鸟类，到1970年代，中国、日本和苏联的科学家花费大量精力寻找朱鹮但一无所获，一度以为朱鹮已经灭绝。直到1981年才在中国陕西南部的汉中洋县发现仅存的7只朱鹮，并在此地区建立专门的保护区，目前中国是世界上唯一有野生朱鹮的国家。

朱鹮曾经是分布非常广泛的一种鸟类，历史上西伯利亚、日本、朝鲜、台湾和中国东部北部的很多省份都有朱鹮分布的记录，由于朱鹮的性格温顺，中国民间把它看作是吉祥的象征，称为"吉祥之鸟"。

▶知识链接

自从1964年在甘肃捕获一只朱鹮以来，一直没有发现朱鹮的踪迹。最后终于在1981年5月，在陕西省汉中洋县发现7只野生朱鹮，从而宣告在中国重新发现朱鹮野生种群，这也成为世界上仅存的一个朱鹮野生种群。

导致朱鹮面临绝迹的因素，与过度猎杀、森林锐减及广泛施用农药化肥有关。国际鸟类保护委员会早在1960年就已将朱鹮列进了国际保护鸟的名单。

## ◎关于朱鹮的传说

在很久很久以前，朱鹮长得很难看，嘴巴又黑又长，全身羽毛也是灰色的，像一只丑小鸭。有一年森林要举办联欢会，所有的鸟都表演节目，这下可把朱鹮难住了，因为它不会唱歌也不会跳舞，这一天，闷闷不乐的朱鹮来到小溪边寻找食物，看着自己在水里的倒影，忽然想出一个主意，走模特步吧，如果穿上美丽的衣服，大家一定不会觉得我难看了。于是，它采来森林里最美丽的鲜花，给自己做了一顶帽子，一身花瓣衣服，还有一双红鞋子，每天都勤奋地练习步伐。终于在联欢会上，朱鹮的模特表演受到了大家最热烈的掌声。从那以后，朱鹮每天都穿着那身花衣服，每年都为大家表演模特，慢慢地，它身上的羽毛开始变成粉色，头和脚也渐渐地变红了，从此森林里又多出了一种美丽的鸟。

※ 美丽的朱鹮

**拓展思考**

1. 朱鹮属于哪类鸟？是否对人类有益？
2. 朱鹮有哪些特征？

濒临灭绝的动物

4

# 中华秋沙鸭

*Zhong Hua Qiu Sha Ya*

中华秋沙鸭又称为油鸭、唐秋沙等，它的嘴形侧扁，前端尖出，它与鸭科其他种类具有平扁的喙形不同，嘴和腿脚为红色；雄鸭头部和上背为黑色，下背、腰部和尾上覆羽为白色；翅上有白色翼镜；头顶的长羽后伸成双冠状；胁羽上有黑色鱼鳞状斑纹。体形比绿头鸭稍小些。雄性成鸟头和颈的上半部为黑色，具绿色金属反光，冠羽较长为黑色，上背为黑色，下背、腰与尾上覆羽都是为白色，翅上还有白色翼镜。下体也为白色，体侧有黑色鳞状斑，雌鸟的头为棕褐色，上体为蓝色，下体为白色，此种类没有严重的分化现象。

## ◎中华秋沙鸭的特征及习性

雄鸟体长 55 厘米左右，有着长且窄近似于红色的嘴，其尖端具有钩状。黑色的头部具有厚实的羽冠。两胁羽片白色且羽缘以及羽轴黑色形成特征性鳞状纹；它的脚为红色；胸部白色且区别于红胸秋沙鸭，体侧具有鳞状纹并与普通秋沙鸭有所不同。

※ 中华秋沙鸭

雌鸟的羽色较暗并且灰色较多，与红胸秋沙鸭的区别在于体侧具有灰色宽而黑色窄的带状图案。

中华秋沙鸭经常出没于林区内的湍急河流，有时也会在开阔湖泊。通常成对或以家庭为群，潜入水中捕食鱼类。中华秋沙鸭生性机警，稍有惊动就昂首缩颈不动，随即起飞或快速游到隐蔽的地方。据有关人员在吉林省长白山的观察，它们于每年四月沿山谷河流到达山区海拔 1000 米的针、阔混交林带。经常以几只成小群活动，有时也会与鸳鸯混在一起。觅食多在缓流深水处，捕到鱼后先衔出水面后才会吞食。主食鱼类，善于潜水，潜水前上胸部先离开水面，然后再侧头向下钻入水中，然而白天活动的时间较长，此外还吃石蚕科的蛾以及甲虫等。

▶知识链接

中华秋沙鸭是第三纪冰川期后遗留下来的物种，距今已有1000多万年，是我国特产稀有鸟类，属于国家一级重点保护动物。全球目前仅存不足1000只。由于这种鸟类以天然树洞为巢，与鸭子相似，因此有人将它称为"会上树的鸭子"。

┃拓展思考┃

1. 秋沙鸭有哪些价值？
2. 秋沙鸭在我国主要有哪几种？

濒临灭绝的动物

# "游泳健将"——潜鸟
*"You Yong Jian Jiang" —— Qian Niao*

潜鸟特征为喙圆锥形而坚硬；翅膀小，呈尖形；前三趾之间有蹼；腿位于身体后部，因此步履蹒跚。羽毛浓密，背部主要呈黑色或灰色，腹部白色。潜鸟几乎全为水栖性的鸟类，能在水下游很长一段时间，并能从水面下潜到 60 米深处。

## ◎潜鸟的习性

一般情况下，潜鸟会独栖或者成对生活，但是有些种类并非如此，尤其是黑喉潜鸟，它们是成群过冬和迁徙。潜鸟鸣声很具特色，包括喉声以及怪异的悲鸣声，因此潜鸟在北美被称为"笨鸟"。

潜鸟的食物非常广泛，包括鱼类、甲壳类以及软体动物，甚至还有乌贼。它的巢通常会建造在小岛上或者是芦苇丛中的一片平地上。黑喉潜鸟能够用各种材料筑巢。在它们的巢中，还可以找到植物的根、树枝或其他鸟类的羽毛。

## ◎黑喉潜鸟

黑喉潜鸟是体形略大的潜鸟，头浅灰色，喉部和背部黑色，具有金属光泽。前颈墨绿色，颈侧为白色，有黑色纵纹。翅膀部分有白色斑点；墨绿色的头颈，以及带黑白花的背部，并会让它在水下与环境能有效地融合在一起。胸、腹部纯白色。黑喉潜鸟与红喉潜鸟的区别在于头较大而颈显得粗，嘴较厚且比较平，而上体缺少白色的斑纹。

※ 潜鸟

潜鸟的腿部粗壮、脚趾上有很大的脚蹼，十分擅长游泳与潜水，它们又长又尖的嘴巴，很适合捕食小鱼虾。在繁殖季节，潜鸟们会在美洲和欧洲北部的森林以及苔原地带居住。冬季到来之前，它们会迁徙到非洲南部以及中美洲。黑喉潜鸟在北欧、亚洲和美国西部都是比较常见的鸟类。

潜鸟的食物非常广泛，主要包括鱼类、甲壳类和软体动物，此外也吃蜻蜓、甲虫及幼虫等水生昆虫和无脊椎动物等。觅食的方式主要是通过潜水，有时也在水面飞奔追捕鱼群。

繁殖期主要栖息在北极和亚北极苔原以及岛屿上的内陆湖泊、河流以及大的水塘中，也常出现在山区森林中的河流以及大的湖泊中。潜鸟最喜欢的是岸边植物茂密而又富有鱼类的河流与湖泊。冬季多数栖息于沿海海面，海湾及河口地区。经常会成群结伴而行，很少会单独活动。

新出生的黑喉潜鸟立即能游泳潜水，幼鸟的羽毛乌黑，并且还能够睁开眼。生命之初，黑喉潜鸟主要喂食它们昆虫。成鸟在躲避危险时能够在翅膀下夹住幼鸟在水下潜逃。

潜鸟的飞行能力强、快并且有力，常以直线飞行。两翅扇动比较急速，但是不能自由变换速度，在水面起飞也比较困难，通常需要有一段距离的水面助跑才能够顺利飞起，因此潜鸟一般不喜欢栖息在小的水塘。在陆地根本不能起飞，行走也显得很困难。通常为匍匐前进。因此除了繁殖外一般不上到陆地。每天在水上生活，遇到危险时也是通过潜水来避难。

黑喉潜鸟繁殖于北半球，从苏格兰北部到西伯利亚。在北欧、亚洲和美国西部都会比较常见。在国内为冬候鸟和旅鸟，比较罕见，所以在我国是不常见的稀有鸟类。

▶知识链接

黑喉潜鸟是聪明的水下猎手。奇妙的体羽颜色帮助它能够轻易地靠近目标，黑颜色的头颈，以及带黑白花的背部，使它在水下与环境能有效地融合在一起。只有进入繁殖季节，它们腹部的羽毛才变成浅色。

## ◎红喉潜鸟

红喉潜鸟体长 60 厘米左右，是分布最广的一种潜鸟，也是潜鸟科中最小的一种鸟。它们主要是在淡水附近繁殖生息，但也在海中觅食。繁殖期的成年红喉潜鸟为灰头、粗颈、红喉、白腹、深色翅膀。非繁殖期的羽毛则要暗淡许多；虹膜为红色；然而红喉潜鸟的鸣叫声相当大。

红喉潜鸟是属于大型水禽。头和颈为淡灰色，前额和头顶具黑色羽轴纹，后颈具黑白相间排列的纵纹；上体和翅上覆羽为灰褐色，有时具白色细小斑纹；前颈具有显著的栗色三角形斑，从喉下部一直到上胸。栗色三角形斑以下到整个下体白色，胸侧有黑色纵纹，两肋、具黑色斑纹。尾下覆羽具有黑色横斑。虹膜红色或栗色，嘴黑色或淡灰色，细而微向上翘，脚部是绿黑色。

红喉潜鸟繁殖期主要栖息于北极苔原以及森林苔原带的湖泊、江河与水塘中，迁徙期间和冬季则多栖息在沿海海域、海湾及河口地区。善于游泳和潜水，并且游泳时颈伸得很直，常常会东张西望，飞行时也非常快，常呈直线飞行。红喉潜鸟起飞是比较灵活的，无需在水面助跑就可以在水中直接飞起，因而在较小的水塘也能起飞，但在地上行走却比较困难，常常在地上匍匐前进。

主要以各种鱼类为食。此外也吃甲壳类、软体动物、鱼卵、水生昆虫以及其他水生无脊椎动物。觅食方式通过潜水，能在水下快速游泳，追捕鱼群。红喉潜鸟主要繁殖于欧亚大陆和加拿大的北极地区，在海岸与大湖一带地区过冬。

**｜拓展思考｜**

1. 潜鸟有哪些特征？它与哪些家禽相似？
2. 潜鸟有哪些价值？

# "潜水明星"鸬鹚

"Qian Shui Ming Xing" Lu Ci

鸬鹚，也叫水老鸦、鱼鹰，它的身体比鸭狭长，体羽为金属黑色，通常善于潜水捕鱼，飞行时以直线前进。在中国的南方有许多渔民饲养使之来帮助自己捕鱼。除南北极外，几乎遍布全球，其种类约有 30 种，我国常见的有：斑头鸬鹚、海鸬鹚、红脸鸬鹚和黑颈鸬鹚等。由于此鸟可驯养捕鱼，在我国古代时期就已驯养利用，为常见的笼养和散养鸟类。野生鸬鹚分布于全国各地，繁殖于东北、内蒙古、青海湖以及新疆西部等地。

## ◎鸬鹚的外形与习性

鸬鹚体羽为黑色，并带紫色金属光泽，体长最大可达 100 厘米。嘴长呈锥状，前端具有锐钩，主要用于啄鱼。鸬鹚能在水中以长而弯曲的嘴捕鱼。野生鸬鹚平时栖息在河川与湖沼中，也会常常低飞，掠过水面。飞行时颈和脚都会伸直。夏季会经常在近水的岩崖或高树上，或者沼泽低地的矮树上筑巢，常在海边、湖滨、淡水之间活动。

普通鸬鹚生活在淡水湖边。栖息在宽阔的水域，像池塘、湖泊等。飞行能力强，飞行时同样直线前进，除了在迁移时期，通常不会离开

※ 黑颈鸬鹚

水面。善于游泳和潜水，常在水里排列成半圆形，方便围捕鱼类。

它们在捕猎的时候，脑袋扎在水里追踪猎物，潜水后羽毛透，需要在阳光下晒干后才能飞翔。很多渔民用鸬鹚帮忙捕鱼。用于捕鱼的鸬鹚，需用绿绳或者稻草在其颈部系以活套，也可用金属环套在颈部，为了防止鸬鹚捕鱼后吞食。

海洋性鸬鹚活动于隐蔽的沿岸的海水、海湾及河口，也会在宽阔的大海中。主要以各种海鱼为食，也吃软体动物及甲壳类动物。每当繁殖季节，雌雄成鸟一起到临近水域的悬崖峭壁上、岩穴间、大树上、沼泽地的矮树上、芦苇中筑巢。巢用树枝、干草及海藻或者水草等建筑而成。

▶知识链接

　　鸬鹚的捕鱼本领之高早已被古人所用。近几十年来，科学家们又发现鸬鹚在河水非常混浊时，也能轻松自如地追踪鱼群。在河水混浊时鸬鹚依靠听觉器官追捕鱼群。盲眼鸬鹚就是依靠听觉来捕鱼，从而得知鸬鹚的听觉非常发达。

## ◎斑头鸬鹚

斑头鸬鹚又叫做绿鸬鹚、绿背鸬鹚，体羽黑绿色，有蓝绿色金属反光。斑头鸬鹚为大型水鸟。体长80厘米左右，体重约为2500克。体羽为黑绿色，有蓝绿色金属反光。嘴基部内侧黄色，裸出皮肤白色，颊后方以及头的后面为白色羽毛。背为暗绿色，羽缘为黑色，胁有白色粗斑。虹膜为绿色，嘴为黑褐色，脚为黑色。嘴长直、尖且比较粗壮，呈圆锥形，先端弯曲成钩状。嘴、眼周裸露均无羽毛。尾较长并且圆，尾羽约为14枚。翅较宽长，背、肩和翅上的覆羽为暗绿色，颊后方、后头和后颈分散的有白色丝状羽，两胁部各有一个大的白斑。

斑头鸬鹚繁殖于太平洋东海岸北部以及邻近的海岛，包括我国的旅顺、河北、山东烟台、威海市、青岛旅鸟或夏候鸟，冬季时从南迁到浙江、福建、台湾、云南等地。栖息于温带海洋沿岸以及附近岛屿和海面上，迁徙和越冬时在河口及邻近的内陆湖泊有时也可见到。

斑头鸬鹚喜欢群集在沿海岛屿、沿海石壁上。由于体形较大，两翅展开，形如人立，主要以鱼为食。斑头鸬鹚为候鸟，是我国的沿海鸟类。

## ◎海鸬鹚

海鸬鹚属大型水鸟，体长为75厘米左右，体重2000克左右。全身羽毛为黑色，头、颈部具有紫色光辉，其他部位有绿色光辉。在繁殖期间，头顶和枕部各有一束铜绿色的冠羽，而且额部有羽毛，肩羽和覆羽为铜绿色，另外两胁各具一个大的白斑，喉部以及眼周的裸露皮肤为暗红色；虹膜为绿色；嘴比较细长而稍微侧扁形，嘴槽的两边就像镶嵌着两把利刃，非常锋利，嘴为黑褐色；脚短而粗，为黑色。黑色的尾羽共有 12 枚，均为圆形。冬季的羽色和夏羽基本相似，但头上没有羽冠，颈部也没有白色的细羽，嘴基

※ 鸬鹚

和眼周裸露皮肤的红色较为暗淡并且不明显。

　　主要以各种鱼类为食，也会吃虾和其他甲壳类海洋动物。觅食的方式主要是通过潜水，在水下追捕猎物；有时也常站在岩石上等候食物的到来。如果在休息的时候受到干扰，就会急促飞起，并且还会将胃里没有消化的鱼骨、鱼鳞等食物用一个黏液囊反吐出来，用来减轻体重，加快飞行，有利于迅速逃避敌害。

　　海鸬鹚是中国沿海地区常见的鸟类，主要以鱼、虾为食，还会食用少量的海藻、海带、海紫菜等。每年 6 月进入繁殖期，每窝产卵 3～6 枚，孵化期约 28 天左右。海鸬鹚主要栖息于温带海洋中的近陆岛屿和沿海地带，有时也会出现于河口和海湾。常成群停息在露出海面的岩礁上和海岸悬崖中的突出部位，以及岩顶和峭壁间，有时多达数十几只密集地站在一个小块的岩礁上。活动时多沿海面低空飞行，或在海岛附近海面游泳，并且会频繁地潜入水中觅食。有时候也能见到少数个体在海岸附近的沼泽地带以及水池边活动。

　　海鸬鹚是一种非常善于合作的水鸟，常常聚集成大群围捕湖中的鱼类，上下协作得非常和谐。据说当海鸬鹚遇到大鱼，一只鸬鹚无力制伏时，它会一边搏斗，一边呼唤同伴前来帮忙。附近鸬鹚听到求救声后便会立刻赶来，一起向大鱼发动攻击。在水中觅食时，鸬鹚也表现得非常善于合作；并且有时它们还会与鹈鹕一起合作捕猎，在水面上排成半个圆圈，由鹈鹕在水面上用双翅拍击，驱赶鱼群，海鸬鹚就会潜入水中打围，彼此都能捕获到充足的食物。海鸬鹚筑巢在海岛与海岸的悬崖岩石上及断壁，常成群在一起营巢，成群结伴的有几对、数十对、甚至成百上千对的，有时也有零星的单对，相对来说比较分散，有时和其他鸟类混合在一起筑巢繁殖。海鸬鹚大多数为留鸟，终年在繁殖地附近活动，但也有少数在北方

繁殖的种群需要飞往南部温暖的海域过冬。迁徙的时间常随气温的变化而定，通常在北方冰雪刚刚开始融化后不久就可到达繁殖地，秋季在水面部分结冰之后才会向南方迁徙。

海鸬鹚曾经在中国的沿海地区以及附近岛屿是比较普遍和常见的鸟类，但近年来的种群数量已经大大减少。

## ◎长尾鸬鹚

长尾鸬鹚是一种小型鸬鹚，体长略长于 50 厘米，双翼展开约 85 厘米左右。繁殖期体羽为黑色闪绿光泽。翅膀上有银、黑色漂亮的斑纹。尾巴相对较长，有着较短的头冠，黄嘴，面部有红色或黄色斑纹，腹部白色。雌雄样子相仿。鸟嘴有力且长，上嘴两侧有沟，嘴端有钩，主要用于啄鱼方便；下嘴基部有喉囊；鼻孔小，颈较为细长；两翅长度适中，缺少第五枚次级飞羽；尾圆而硬直，有 12～14 枚尾羽；脚位于体的后部；跗蹠短且没有羽毛；趾扁，后趾较长，并且有蹼相连。潜水时羽毛湿透后，需要张开双翅在阳光下晒干后才能够飞翔。

长尾鸬鹚善于潜水，能在水中以长而呈钩状的嘴捕鱼。平时栖息于河川和湖沼中，会经常低飞，掠过水面。飞行时它的颈和脚都会伸直。经常见于在海边、湖滨、淡水中间活动。休息的时候，在石头或树桩上久立不动。长尾鸬鹚的飞行力很强，除迁徙时期外，平时基本不离开水域。主要以鱼类和甲壳类动物为食。长尾鸬鹚在捕猎的时候，脑袋扎在水里追踪猎物。长尾鸬鹚的翅膀已经进化到可以用来划水，因此，长尾鸬鹚在水草繁茂的水域主要用脚蹼游水，在清澈的水域或是沙底的水域，长尾鸬鹚在水中脚蹼和翅膀能并用，从而加快在水中前进的速度。在能见度低的水里，长尾鸬鹚通常都是以偷偷靠近猎物的方式到达猎物身边时，突然伸长脖子用嘴发出致命的一击。这样，无论多么灵活的猎物也是难以逃脱。在昏暗的水下，长尾鸬鹚一般看不清猎物。因此，它们主要就是靠敏锐的听觉捕捉猎物。长尾鸬鹚捕到猎物后必须要浮出水面后才能吞咽。

长尾鸬鹚通常在树上或地面筑巢，一次产 2～4 枚卵。雌雄两鸟共同营巢，巢用树枝及海藻或水草等筑成，长尾鸬鹚轮流孵卵。四月中旬开始产卵，孵 28 天左右出雏。双亲都参与到抚育雏鸟的工作中，喂雏的方法是把鱼贮藏于粗大的食管内，在喂食时，亲鸟张开嘴，雏鸟把嘴伸入亲鸟的咽部，在亲鸟的口腔内啄食半消化的鱼肉。喂水时，亲鸟将取来的淡水从嘴喷出，注入雏鸟嘴里。

濒临灭绝的动物

## ◎毛脸鸬鹚

毛脸鸬鹚身长 75 厘米左右，体羽分黑白两色。有着桃红色的腿脚；双翼折叠时可以看到白色的斑纹；毛脸鸬鹚为蓝眼圈；在脸颊的喙基处有一簇橙红色的肉囊，平时呈灰黄色的肉囊在繁殖期变成红色。

毛脸的嘴强并且长，上嘴两侧有沟，嘴端有略似钩状的弯曲，非常利于啄鱼；下嘴基部有喉囊；鼻孔较小，成鸟完全隐闭；眼先裸出；颈细长；两翅长度适中，缺第五枚次级飞羽；尾圆而硬直，有 12～14 枚尾羽；脚位于体的后部；跗蹠短而无羽。

毛脸鸬鹚雌雄两鸟共同筑巢，巢主要是用树枝及海藻或水草等筑成，置于海滨的岩石上。轮流孵卵。双亲都参加抚育雏鸟过程，喂雏的方法是把鱼贮藏于粗大的食管内，在喂食时，亲鸟张开嘴，雏鸟伸嘴入亲鸟的咽部，在亲鸟的口腔内啄食半消化的鱼肉。此种类主要分布于澳大利亚和新西兰地区。

## ◎红脸鸬鹚

红脸鸬鹚为大型水鸟，夏羽主要为黑色，头顶和枕部备有一簇彼此分离的冠羽、颜色为黑色，有铜绿色金属光泽，其腰部有一簇长而窄的白色羽毛。颈基部与尾下有稀而窄的白色羽毛。飞羽 11 枚为黑色，第 2 枚飞羽最长，颈具有紫色光彩，嘴有着绿色光彩。冬羽也为黑色且富有金属光泽。头和颈具绿色光泽，尾圆形，尾羽 12 枚。尾上与腹部都有铜绿色，背和肩为紫绿色。虹膜为褐色，嘴基、喉侧以及眼周裸露皮肤为鲜红色，脚短而粗，黑色。幼鸟黑褐色，肩和翅覆羽微缀紫色，头和上背烟灰色。

红脸鸬鹚栖息于沿海海岸和邻近岛屿以及海洋水域附近，经常成小群活动。除晚上和休息时会飞到岸上来，其他时候几乎在海上活动。善于游泳和潜水，飞翔能力也比较强。起飞时需扇动两翅和在海面助跑后才能够起飞离开水面，常会在水面上空进行低的飞行。红脸鸬鹚主要以鱼类为食，也吃少量甲壳类等其他小型海洋生物。觅食方式主要通过潜水在水下追捕鱼类。

通常把巢筑在海岸和邻近岛屿的悬岩峭壁上，特别是突出于海中的较为平坦和开阔的悬岩以及岩石上，并且常以分散的小群营巢。巢通常由海草构成，亲鸟通常在巢域附近海面或者潜入水下摄取海草作为营巢的材料。巢内放有细而柔软的海草和鸟类羽毛。巢的大小平均为直径 40～50厘米，高 15 厘米。如果繁殖成功，巢下年还继续被利用，有时还可利用若干年。

我国仅出现于辽东半岛大连湾和台湾沿海，数量极为稀少，属于少见的冬候鸟。

## ◎黑颈鸬鹚

黑颈鸬鹚又名小鸬鹚，体形与普通鸬鹚相似，是中型水鸟，也是我国鸬鹚类中体形最小的一种，雄鸟全身羽毛亮黑色，繁殖期头顶和颊部斑杂有白色丝羽；肩羽、翅上覆羽和内侧次级飞羽为银灰色，羽缘黑色。雌鸟的羽色与雄鸟相似，头颈部渲染为棕褐色。幼鸟通体褐色，下体近白色。喉囊绿黄色，虹膜为淡绿色。嘴形侧扁而细长，端部下曲成钩形，嘴角褐色。趾间具全蹼，呈黑褐色。

黑颈鸬鹚为留鸟，在非繁殖季节有时也会到村庄附近的小水塘活动。黑颈鸬鹚繁殖于各种适合于筑巢而又富有食物的湖泊、池塘和沼泽地上，甚至也筑巢于比较小的水塘中。主要分布于自加里曼丹、爪哇岛以至印度和孟加拉国和中南半岛以及中国内陆的云南等地，大部分生活于低地的淡水区、包括湖泊、池塘、江河、沼泽地及稻田等以及常见于沿海地带与河口、红树林间。主要以鱼类以及蛙类、蝌蚪等为食。觅食方式主要通过潜水，在水下捕猎食物。

黑颈鸬鹚的数量非常稀少。经调查，由于在分布区域农田中施用的农药量日渐增多，污染水质。沼泽、河滩地中的鱼、虾及昆虫数量相应减少，致使黑颈鸬鹚的食物缺乏，因而导致分布区种群数量逐渐减少。

---

**拓展思考**

1. 鸬鹚对人类都有哪些益处？
2. 鸬鹚是我国几级保护动物？

# 琵琶嘴——黑脸琵鹭

*Pi Pa Zui —— Hei Lian Pi Lu*

黑脸琵鹭为大型涉禽，全长约 80 厘米，体羽为白色。后枕部有长羽簇构成的羽冠；额到面部皮肤裸露出来且为黑色，嘴也为黑色，长约 20 厘米，先端扁平呈匙状。腿长约 12 厘米，腿与脚趾都为黑色。

## ◎黑脸琵鹭的习性

黑脸琵鹭的长相与白琵鹭极为相似，在野外经常会把它们弄混。它的体形比白琵鹭略小一些，全身的羽毛都是雪白色的。夏季时，后枕部长有比较长的发丝状橘黄色羽冠，项下和前胸还有一个橘黄色的颈圈。虹膜为深红色或血红色。嘴全部为黑色，不像白琵鹭嘴的前端为黄色，形状也是长直并且上下扁平，似琵琶形状。黑色的腿很长，胫的下部裸露，方便在水中行走。与仅限嘴部为黑色的白琵鹭有着明显

※ 黑脸琵鹭

的不同，它的额、脸、眼周、喉等裸露出来的部分也都为黑色，并且与黑色的嘴融为一体，所以称之为"黑脸琵鹭"。

在国外常见于亚洲东部的日本、朝鲜、韩国和越南等地。

黑脸琵鹭一般栖息于内陆湖泊、水塘、河口、芦苇沼泽、水稻田以及沿海岛屿和海滨沼泽地带等湿地。主要以小鱼、虾、蟹及螺类等动物为食。

濒临灭绝的动物

▶知识链接

　　黑脸琵鹭在繁殖的时候通常是"一夫一妻"制，夫妻关系极为稳定，当鸟儿开始筑巢的时候，说明它们的配偶关系已经确定。筑巢期大约为一周，它们边筑巢，边相互亲热。让人感觉情意绵绵。

　　黑脸琵鹭一般栖息在内陆湖泊、水塘、河口、芦苇沼泽、水稻田以及沿海岛屿和海滨沼泽地带等一些湿地环境。它们非常喜欢群居，每群为3～4只到十几只不等。它们的性情比较安静，经常会悠闲地在海边潮间地带、红树林以及咸淡水交汇的虾塘处以及滩涂上觅食，中午前后栖息在虾塘的土堤上或者稀疏的红树林中。觅

※ 黑脸琵鹭

食的方法通常是用长喙插入水中，半张着嘴，在浅水中一边涉水前进一边左右晃动头部扫荡，是通过触觉来捕捉水底层的鱼、虾、蟹、软体动物、水生昆虫以及水生植物等各种生物，捕到后就会把长喙提到水面外边，将食物吞吃。黑脸琵鹭飞行时的姿态优美且平缓，颈部和腿部伸直，都是有节奏地缓慢拍打着翅膀。

　　黑脸琵鹭目前已成了仅次于朱鹮的第二种最濒危的水禽，国际自然资源物种保护联盟和国际鸟类保护委员会都将种类列入濒危物种红皮书中。

| 拓展思考 |

　　1. 黑脸琵鹭被列为国家几级保护动物？

　　2. 鹭类是国家几级保护动物？对人类有哪些益处？

# 灰色皇冠鹤

*Hui Se Huang Guan He*

濒临灭绝的动物

**灰**色皇冠鹤美丽优雅的体形，能歌善舞的天性，长寿知往的阅历，因其头顶类似皇冠的金色羽毛而得名。深受非洲人民喜爱和崇敬。被称为鹤中之王，是闻名于世的仙禽。

※ 灰色皇冠鹤

冠鹤通体为黑色，在它们的枕部有无数条的土黄色的绒丝向四周放射着，形成了一个美丽的绒球，那就是它的冠羽。更特别的是它的鼻孔位于中部，而且它的额头是向外凸出的。它的面颊上白下红，与乌黑色的额羽形成了鲜明的对比色彩。它的颈也是很长的，羽毛的颜色为灰白色，在喉部还有一个玫瑰色的肉垂，它的脚趾是蓝黑色的。

皇冠鹤分布于非洲的乌干达、刚果、南非等地。栖息于沼泽地带，集群生活，以鱼、昆虫、蛙等小型水生动物和各种植物嫩芽为食。

▶知识链接

目前，湿地不仅起着维护水土生态平衡、减少洪涝灾害的作用，也是皇冠鹤等许多野生动物栖息的家园。有关专家指出，湿地的消失也就意味着皇冠鹤种类的灭绝。

## ◎关于皇冠鹤的故事

在非洲广泛地流传着一个有关东非冕鹤的故事。古时候，有一位国王在一次私访时，在沙漠里迷了路。他孤零零的一个人，又急又渴，对生存几乎绝望了。这时飞来一群鹤，引他回到绿洲。为了报答鹤的救命之恩，国王把自己的金王冠赐给鹤并亲手戴在鹤的头上，而且当众宣布："从今天起，所有的人都要像尊重我一样尊重鹤。"但是自此以后，人们没有尊重鹤而是去捕杀它来夺得金王冠，由于国王的一句话反而给鹤带来了灾难。国王在了解到真实的情况后，国王就用重金请来一位巫师，用仙术把鹤头上的金冠变成了羽冠，永远戴在了鹤的头上，使它成了给非洲大陆生辉的鸟类。

在乌干达还有很多赞美东非冕鹤富有神话色彩的传说。据说有一天，一对东非冕鹤正在如醉似痴地欢跳，突然"嗖"的一声，一支锋利的箭头正好射中雌鸟的头部，顿时流出殷红的鲜血，雌鸟惨死在箭下，雄鸟从此哀鸣不已，从而也引来了无数的东非冕鹤都来泣别、送葬，此情此景不仅感天动地，也使放箭的猎人愧疚终生。还有一次，一位农夫在田野

※ 皇冠鹤

里干活，见到草丛中有一个东非冕鹤的巢，巢中有几枚圆滚滚的鸟卵。他顿生歹念，便偷食了一枚鸟卵。不料，一霎时就有成群上百只东非冕鹤一齐飞来，将这个偷食鸟卵的农夫团团围住，把他啄得鼻青脸肿，抱头鼠窜。这些动人的传说，赞颂了东非冕鹤彼此之间相亲相助的美德，并以东非冕鹤通天神的想象，表达了乌干达人对它的尊崇。这些天灵报应的传说，也是人们用来警告那些不法之徒，以达到制止捕杀，保护鸟类的目的。

| 拓展思考 |

1. 鹤类中还有哪种被称为仙禽？
2. 在我国著名的鹤类哪些？

第一章 濒临灭迹的鸟类
BINLINMIEJIDENIAOLEI

# "晚间使者" 夜鹰

*"Wan Jian Shi Xhe" Ye Ying*

夜鹰主要夜间捕食。全世界共 80 种，我国有 7 种。最著名的有非洲的旗翼夜鹰、卡罗琳夜鹰等等。主要在整个欧洲与西亚繁殖，在非洲越冬。

## ◎夜鹰特征及习性

夜鹰的主要特征是嘴短宽，有发达的嘴须，鼻孔为管形。身体羽毛柔软，呈暗褐色，有细形横斑，喉部有白斑。雄鸟尾上也有白斑，飞行的时候就会特别明显。

它白天常常蹲伏在树木众多的山坡地或树枝上，当在树上停息时，身体贴伏在枝上，就像是枯树节，所以俗称贴树皮。

夜鹰羽色与树皮非常相似，具有很好的保护色，很难被人们发现。夜鹰常在夜间活动，黄昏的时候很活跃，不停地在空中捕食蚊、虻、蛾等昆虫。飞行时，两翅缓慢地鼓动，也能长时间滑翔，在捕捉昆虫时，能够立即转变成曲折地绕飞。从不筑巢，通常把卵产在地面、岩石上、茂密的针叶林、矮树丛间、野草或灌木的下面。由于它

※ 夜鹰

喜欢吃一些鳞翅目、鞘翅目等昆虫，所以是我国著名的农林业益鸟。此鸟遍布我国东部，自东北至海南岛，西到甘肃、西藏等地。

▶知识链接

解放军最高军事医学科研机构的军事科学医学院利用夜鹰为军队特殊研制的药品，服用后可以保持 72 小时不困倦，并且能够维持正常的思维和体能。

## ◎非洲的旗翼夜鹰

旗翼夜鹰又叫缨翅夜鹰。它嘴短口大，鼻子像是管子的形状，翅膀长而尖，羽毛柔软，有明显的斑点，尾巴呈凸尾形。

根据鸟类学家的观察，"旗翼"是雄鸟用来引诱雌鸟的，这是鸟类中一种比较罕见的繁殖特性。在旗翼夜鹰的繁殖季节里，当雄鸟展开翅膀，缓慢地在雌鸟的周围飞翔时，它们的弓形翅膀迅速颤动，促使两根伸长的羽毛向身体的上后方竖起，顶端旗状扩大部分就会有稍微地飘动，使之"诱惑"雌鸟。一旦雌雄鸟交尾，"旗翼"就会立刻折断。折断的羽根在当时换羽时不会脱落。对鸟的飞行来说，这无疑是一个不利的"后遗症"。

旗翼夜鹰主要栖息于非洲的大草原和森林中，被当地人称为"四只翅膀"的鸟。

## ◎卡罗琳夜鹰

卡罗琳夜鹰主要见于美国东南部的沼泽地，多岩石的山地以及松林，迁徙到西印度、中美洲和南美洲的西北部。卡罗琳夜鹰的嘴比较大，受到惊吓时，母鸟能用自己的大嘴把一个幼鸟叼走。卡罗琳夜鹰常与三声夜鹰相互混淆，唯有体形比三声夜鹰较大，体羽为淡红褐色，尾无白色。

拓展思考

1. 夜鹰和蝙蝠有什么区别？
2. 夜鹰是不是我国保护动物？

# 隼类——视力最强的鸟类之一

*Sun Lei —— Shi Li Zui Qiang De Niao Lei Zhi Yi*

隼类是包括鸮形目以外的所有猛禽，属于白天活动的猛禽。隼形目多为单独活动，飞翔能力非常强，也是视力最好的动物之一。我国的所有隼形目鸟类都是国家重点保护野生动物，其代表的有白隼、猎隼、红腿小隼等等。

隼的上嘴弯曲，背青黑、腹黄、尾尖白色，性凶猛，善于袭击其他鸟类。

隼栖息于开阔的低山丘陵、山脚平原、森林平原、海岸和森林苔原地带，特别是林缘、林中空地、山岩以及有稀疏树木的开阔地方，冬季和迁徙季节有时也出现在荒山河谷、平原旷野、草原灌丛和开阔

※ 隼鸟

的农田草坡地区。主要是以小型鸟类、鼠类和昆虫等为食，也吃蜥蜴、蛙和小型蛇类。通常在空中飞行捕食，常追捕鸽子，所以俗称为"鸽子鹰"，有时也会在地面上捕食。

▶知识链接

我国的所有隼形目鸟类都是国家重点保护野生动物。隼形目的鸟在鸟类中处于食物链的顶端，占据着重要的生态位置，很多隼形目的鸟类也被人们认为具有勇猛刚毅等优良品格，所以有不少国家的国鸟都是隼形目的鸟类。

## ◎白隼

白隼的羽色变化较大，有暗色型、白色型和灰色型，白隼是冰岛的国鸟。暗色型的头部为白色，头顶具有粗著的暗色纵纹，与游隼以及猎隼的区别在色彩较浅，上体为灰褐色到暗石板褐色，具有白色横斑与斑点，尾

羽为白色,有褐色或石板色横斑,飞羽为石板褐色,具断裂的白色横斑,下体部分为白色,具有暗色横斑,但比阿尔泰隼的斑纹较为稀疏。白色型的体羽主要为白色,背部和翅膀上有褐色斑点。灰色型的羽色则介于上述两类色型之间。虹膜通常为淡褐色,嘴为铅灰色,蜡膜为黄褐色,跗跖和趾为暗黄褐色,爪为黑色。

主要以野鸭、海鸥、雷鸟、松鸡、岩鸽等各种鸟类为食,有时也会捕食中小型哺乳动物,还可以对付像鹿那样的大型食草动物,捕猎时飞行的速度非常快,矛隼的名字就源于飞行中的它像掷出的矛枪一样迅疾无比。捕捉岩鸽等猎物时,雄鸟和雌鸟可以进行巧妙的配合,由雌鸟突然飞进岩鸽栖息的洞穴中,并将它们驱赶出来,雄鸟就会在洞外等候,进行捕杀。

白隼主要栖息于岩石海岸、开阔的岩石山地、沿海岛屿、临近海岸的河谷和森林苔原地带,堪称是北国世界的空中霸王,但是非常怕热。常在低空进行迅速地直线飞行,发现猎物后则将两翅一收,突然急速俯冲而向下,就像投射出去的一支飞镖,直接地冲向猎物。

巢建在悬崖上,有的时候也会占用其他的大型鸟类的巢。雌鸟每窝产卵 3~4 枚,偶尔有少至两枚和多至七枚的情况,卵重 70 克左右,颜色为褐色或赤色,具有暗褐色或红褐色斑点。

分布于欧洲北部、亚洲北部以及北美洲北部,生活区域约 1000 万平方千米,在我国见于黑龙江、辽宁瓦房店和新疆喀什等地,极其罕见,白隼属于国家二级保护动物。

## ◎猎隼

猎隼主要以鸟类和小型动物为食。其分布较为广泛,我国和中欧、北非、印度北部、蒙古最为常见。可驯养用于狩猎,已被列为我国一级保护动物。

猎隼是体大且胸部厚实的浅色隼,颈背偏白,头顶为浅褐色。头部对比色少,眼下部分具有不明显黑色线条,眉纹为白色。上体大多数为褐色而略具横斑,与翼尖的深褐色成对比。尾部具有狭窄的白色羽端。下体偏白,狭窄翼尖深色,翼下大覆羽具有黑色细纹。翼比游隼钝而色浅。幼鸟上体褐色深沉,下体满布黑色纵纹。

猎隼具有高山及高原大型隼的特性。猎隼栖息于低山丘陵和山脚平原等地区。在无林或仅有少许树木的旷野以及多岩石的山丘地带活动,常常可以瞥见它那一掠而过,鸣击长空的英姿。猎隼主要以中小型鸟类、野兔、鼠类等一些动物为食。每当发现地面上的猎物时,总是先利用它那类似于高速飞机的速度、可以减少阻力的狭窄翅膀飞行到猎物的上方,占领制高点,然后收拢双翅,使翅膀上的飞羽和身体的纵轴平行,头则会收缩到肩部，以每秒 75～100 米的速度，成 25°角向猎物猛冲而去，在靠近猎物的瞬间，稍稍张开双翅，用后趾和爪击打或抓住猎物。此外，它还可以像歼击机一样在空中对飞行的山雀、百灵等小鸟进行袭击，追上猎物后，就用翅膀猛击，直到猎物失去飞行能力，从空中坠落下来，猎隼就会再俯冲下来将其捕获。

猎隼比较容易驯养，经驯养后是很好的狩猎工具，历史上就有猎手驯养猎隼。在阿拉伯国家，驯养隼类是一种时尚，代表着财富和身份的象征。因此，国内有一些不法分子非法捕捉猎隼从事走私活动，给此物种的数量造成了较大威胁。

## ◎红腿小隼

红腿小隼虽然也属于猛禽，但体长仅有 19 厘米，与其他凶猛雄壮的猛禽相比，显得十分弱小。它的前额为白色，眼睛上有一条宽阔的白色眉纹，往后经耳覆羽与上背的白色领圈相连，颊部和耳覆羽为白色，从眼睛前面开始有一条粗著的黑色贯眼纹经过眼睛斜向下到耳部。上体包括翅膀和尾羽都是为黑色，并且具有蓝绿色的金属光泽。前额、眉纹和上背的领圈为白色，贯眼纹为黑色。喉部为暗棕色，胸部和腹部为暗棕色，两胁、尾下覆羽以及覆腿羽都是暗棕色，飞翔的时候翼下为白色，飞羽的下面具有黑色的横带，尾羽的下面为黑色并且具有白色的横带。虹膜为褐色，嘴为石板蓝色，尖端有时为绿黑色，脚和趾为黑色。

红腿小隼栖息于开阔的森林以及林缘地带，尤其是林中河谷地带，有时也到山脚平原和林缘地带活动。常单独活动，或者会快速地扇动两翅在树林间进行鼓翼飞翔，间接或者穿插着滑翔，或者会静静地栖息在枯树的树梢之上。红腿小隼生性较胆怯，叫声纤细而高亢。主要以小型鸟类、蛙、蜥蜴和昆虫为食。捕食方式主要通过在空中飞翔，不断地寻觅和追捕各种不同的昆虫和小型鸟类，以及站在开阔地区的树上，观察地面动物的活动，发现后立刻飞来下面捕猎。

繁殖期为 4～6 月，筑巢于腐朽的树洞中，每窝产卵 4～5 枚，卵的形状为卵圆形，颜色为污黄白色，具红色斑点，亲鸟有着较强的护巢性。红腿小隼是世界上最小的猛禽之一，我国主要分布于喜马拉雅山脉东部山麓及东南亚，在中国极为稀少。国外分布于印度、缅甸、泰国以及中南半岛等地。

---

| 拓展思考 |
|---|

1. 你还知道哪些鸟类为隼类？
2. 隼类鸟对于我们人类起到什么样的作用？

濒临灭绝的动物

# 猫头鹰类——红角鸮

*Mao Tou Ying Lei —— Hong Jiao Xiao*

红角鸮繁殖期 5～8 月，筑巢于树洞或岩石缝隙和人工巢箱中，是中国体型最小的一种鸮形目猛禽。

※ 红角鸮

红角鸮具有黑褐色蠹状细纹，面盘为灰褐色，密布纤细的黑纹；领圈为淡棕色；耳羽基部都为棕色；头顶到背以及翅覆羽掺杂棕白色斑。尺羽大部分为黑褐色，尾羽为灰褐，尾下覆羽为白色。下体大部分为红褐至灰褐色，有暗褐色纤细横斑和黑褐色羽干纹。嘴为暗绿色，爪为灰褐色。

▶ 知识链接

红角鸮每窝产卵 3～6 枚，卵呈卵圆形，白色，光滑无斑。雌鸟孵卵，孵化期一般为 25 天左右。

## ◎红角鸮的习性及价值

红角鸮栖息于山地林间，以昆虫、鼠类、小鸟为食。筑巢于树洞中，每窝产卵多为 4 枚，白色。纯夜行性的小型角鸮，通常喜欢有树丛的开阔原野。它们双翅展合有力，飞行迅速，能在林间无声地穿梭。视听能力极强，善于在朦胧的月色下捕捉飞蛾与停歇在草木上的蝗虫、甲虫、蟑等昆虫，但是鼠和小鸟在红角鸮食物中的比例却不高。白色羽干纹似树皮的红角鸮，分布范围在古北界西部至中东以及中亚。

中医传统理论认为红角鸮去毛及肠杂、全体烧存性或焙干研末，有祛风、解毒、镇惊、滋阴补虚的功能，因此被利用，从而直接导致了该物种濒危。

┃ 拓展思考 ┃

1. 红角鸮濒危还有其他哪些原因？
2. 红角鸮的外形有什么特征？

# 燕窝的制造者——雨燕

Yan Wo De Zhi Zao Zhe —— Yu Yan

雨燕，在动物分类学上属于鸟纲雨燕目中的一个科。雨燕是飞翔速度最快的鸟类，常在空中捕食昆虫，翼长而腱，脚弱小。由于雨燕依靠捕食飞虫为生，所以它们必须在气温能够保持足够数量的昆虫在空中飞行的地区过冬。于是，当它们在温带分布区的天气转冷时，大部分种类都会纷纷向南撤退。

## ◎雨燕的主要特征

大部分雨燕的着色相当暗淡，一小部分种类的体羽在短期内呈现蓝色、绿色或紫色的彩色光泽。雨燕的翅膀上有十枚长的初级飞羽以及一组短的次级飞羽。狭长的镰刀形翅膀决定了它们的飞行模式，使它可以更加快速地扇翅飞行，而更重要的是让它们在滑翔时可以节省大量的能量。雨燕小巧的足力量非常惊人，它们锋利的爪能够很好地抓持在垂直面上。此外，血液中的血红蛋白含量比较高，使它们在含氧量低的情况下能够优化氧的输送。雨燕的喙很短，力量相对较弱，但它的嘴张很大，使雨燕可以在飞行中轻松地捕捉飞虫。所有雨燕都只以昆虫和蜘蛛为食，并主要在空中捕获。雨燕最主要的猎物是膜翅目的蜜蜂、黄蜂和蚂蚁、双翅目的苍蝇、半翅目的臭虫以及鞘翅目的甲虫。

雨燕的巢系由黏性的唾液黏合细枝、芽、苔藓以及羽毛而成。巢筑在洞壁上或烟囱的内壁、岩缝、空心树内。雨燕的寿命比较长，对繁殖地和配偶都很忠诚。即使在它们经常繁殖的地区，空中食物大量存在的时间也只有12~14周，所以雨燕的繁殖时间是非常迅速且短暂的。

目前雨燕面临着多种威胁。人类对栖息地的破坏导致其中一些种类觅食区域的缩小；因有利可图的燕窝交易而引发的过度收集使东南亚金丝燕的数量日益剧减；而许多地区杀虫剂的广泛使用直接减少了它们的猎物——昆虫的分布范围和数量。

▶ 知识链接

采集燕窝要冒很大风险，必须爬上悬崖峭壁，从崖顶上放下绳子才能采集到。由于燕窝稀少难得，价值也就特别贵，所以被东方人视为珍品。

## ◎凤头雨燕

　　大体上与其近亲雨燕相似，翅尖长、嘴宽而小。只是凤头雨燕额前部有直立的羽状冠，黑脸的边缘有长的白毛。它与密切亲缘关系的灰腰雨燕与凤头雨燕外形极其相似，两个种类的雌雄鸟头顶都有一个 3 厘米左右长的冠，栖息的时候通常成直立姿势。两者的差别主要体现在上体着黑色的程度和尾羽的长度方面。与灰腰雨燕不同的是，凤头雨燕的尾羽远远高过它们的镰状翅膀在收缩时翅尖所在的位置。

　　雄鸟上体为蓝灰色，并且有少许的绿色；头部具有羽冠；下体、颏部、喉部和两侧部都为栗色。胸部为灰蓝色，腹部为白色，尾下覆羽也为白色。雌鸟与雄鸟相似，但颏部和喉部的颜色并不是栗色。

　　凤头雨燕属于留鸟，它主要栖息于林缘、次生林、果园、公园等有树木的较为开阔的地区，经常会结成小

※ 凤头雨燕

群活动，频繁地在开阔地方和森林的上空成圈飞翔，有时也在河流等领域的上空盘旋。食物主要有蚊、蛾等各种飞行性的昆虫，并且也能在飞行的时候捕食，但它们在空中飞翔的时间明显地会比其他雨燕要少许多，捕食行为也与其他种类的雨燕不太相同。它并非在空中不停地飞翔觅食，而是经常停留在树冠的顶枝上，等到有昆虫或其他食物在附近空间出现时，就会再飞起来捕捉。由于它的身体较大，翅膀也较长，在空中总是像镰刀一样向两侧分开，就如同一架小型飞机，时而低空飞翔，时而腾空而起。晚上大部分结成群栖息在一起，有时候也会单个分别栖息。

　　凤头雨燕的繁殖期为 3～6，营巢于岩石洞穴和树洞中。巢由苔藓构成，并用涎液将其紧紧地粘结在一起。每窝产卵 3 枚。它的巢非常细小且精巧，直径一般仅有 4 厘米左右，形状为杯状或袋状。主要由碎树皮、细小羽毛和涎液等胶结而成，结构十分紧密和结实，并且牢牢地固定在树枝上。巢的颜色一般为黑色，带有少许灰色以及污白色斑点，外表和树枝颜色也十分相似，从下面看好像树枝上突出的小包。每窝仅产 1 枚卵，颜色

为淡灰色或灰白色，有时还会沾有蓝色，形状为长卵圆形。它的雏鸟为晚成性，需要亲鸟的精心饲喂才能长大。

## ◎金丝燕

金丝燕是一种体形轻捷的小鸟，分布于印度、东南亚、马来群岛，筑巢常常结成群，属群栖生活。燕窝，就是金丝燕用唾液黏结羽毛等物质为自己以及它的幼雏而搭建的巢穴。大都分布在印度、东南亚、马来群岛等地区。

一般都是轻捷的小鸟，其体形比家燕小，体质也较轻。雌雄相似。嘴细弱，向下弯曲；翅膀尖且长；脚短而细弱，四趾都朝向前方，不适于行步和握枝，只能助于攀附在岩石的垂直面。羽色上体为褐至黑色，带金丝光泽，下体为灰白或纯白。

※ 金丝燕

生产燕窝的金丝燕大都分布在印度、东南亚、马来群岛等地，产于马来西亚的方尾金丝燕，仅在尼亚海滨的一个大崖洞里就有 200 万只以上，可算是金丝燕数量最大的集居点。中国西部、西南部以及西藏自治区东南部都产有短嘴金丝燕，但它们不出产可供食用的燕窝。海南省的大洲岛上爪哇金丝燕可生产食用燕窝，但是其数量有限。

金丝燕觅食通常是在飞行中进行的，并且只会吃一些空中飞翔的昆虫或小生物，喝水除了喝雨水外，会低飞将嘴巴贴在水池的水面上，边飞边喝水。并且它们能在全黑的洞穴中任意疾飞。巢呈小托座状，有时有一点蕨类和树皮，可能黏附在树上或者峭壁上，但通常建在山洞或海岸洞穴中。

---

**拓展思考**

1. 雨燕的燕窝有哪些作用？
2. 雨燕逐渐濒危的原因有哪些？
3. 它与家燕有哪些区别？

# 海上"预报员"——海鸥

*Hai Shang "Yu Bao Yuan" —— Hai Ou*

海鸥是鸥的俗称，是人类最熟悉的海鸟。它在北半球繁殖的种类最多，从温带至北极地区约有 30 种。主要有黑头鸥、笑鸥、大黑背鸥、银鸥、太平洋鸥、罗斯氏鸥等。

## ◎海鸥的特征及生活习性

※ 海鸥

海鸥是一种中等体型的鸟类，腿以及无斑环的细嘴为绿黄色，白色的尾巴，初级飞羽的羽尖为白色。它对各种环境都有着非凡的适应能力，体粗壮、脚具蹼。冬季头和颈部有分散有褐色细纹。海鸥身姿健美，惹人注目，它身体下部的羽毛就像雪一样晶莹洁白，海鸥是候鸟，分布于欧洲、亚洲到阿拉斯加以及北美洲西部。海鸥结群繁殖于淡水地区。夏天，海鸥飞到繁殖场地，有时在草地的杂草里或灌木丛里，它们用枯草、树枝、羽毛、海草等筑起皿形巢。有的地方鸟巢聚集相当密，两个巢之间相距 1～2 米远。各亲鸟都划定自己的"势力范围"，不准其他鸟入侵，因此与"邻居"间之难免要经常争吵。海鸥以海滨昆虫、软体动物、甲壳类以及耕地里的蠕虫和蛴螬为食；也捕食岸边的小鱼，并且还拾取岸边及船上丢弃的剩饭残羹。

海鸥迁徙时在中国东北各省有时能看到，越冬在整个沿海地区包括海南岛及台湾；也见于华东及华南地区的大部分内陆湖泊及河流。

海鸥是海上航行安全的"预报员"。乘舰船在海上航行，常会因不熟悉水域环境而触礁、搁浅，或者会因天气突然变化而发生海难事故。富有经验的海员都知道：海鸥常着落在浅滩、岩石或暗礁周围，群飞鸣噪，这对航海者无疑是发出提防触礁的信号；同时它还有沿港口出入飞行的习性，每当航行迷途或大雾弥漫之际，观察海鸥飞行方向，也可以作为寻找港口的依据。

## ◎黑头鸥

黑头鸥头部为暗色，腿为深红色，在亚欧与冰岛一带繁殖，从南部到印度和菲律宾过冬；通常在田野里觅食，食物多数为昆虫。

北美洲的小黑头鸥头和喙黑色，翕灰色，腿粉红至红色。黑头鸥是在树上营巢，捕食水塘的昆虫；冬季依然可以跳入海中捕鱼。

黑头鸥在北美洲，喜欢吃一些植物性的食物以及甲壳类动物和其他的小动物。黑头鸥的巢建造在地面上。一大群黑头鸥的巢通常聚集在一起，形成了一片巢区。据说在早期曾拯救了盐湖城区居民的庄稼，从而避免了遭到蟋蟀的破坏，因此成为此地区的益鸟。

黑头鸥通常聚集在一起筑巢，巢与巢之间相隔只有几英尺。雏鸥刚出壳时，娇嫩幼小无防卫能力，易被吞食。黑头鸥会等着它的邻居转过身去，或离开捉鱼时，便扑上前去将它邻居的一个雏鸥一口囫囵吞下去，这种情况非常普遍。就这样它吃了一顿营养丰富的饭，而不必再费神去捉鱼了，也不需要离开自己的巢。

## ◎笑鸥

笑鸥属于中等体型的鸟，头为黑色、喙和脚为红色，是鸥类中最小的鸥。时常会发出刺耳的似笑一般的鸣声，繁殖从缅因州到南美北部，向南到巴西过冬，笑鸥虽是海滨种，但常深入内陆淡水区；笑鸥也是在加勒比海并且也是在北大西洋繁殖的唯一鸥类。笑鸥春夏在北美洲的东北部、东部和南部以及南美洲北部的海滨繁殖生息。然而秋冬季节会向南迁移。

## ◎北极鸥

北极鸥的体长约为 71 厘米，北极鸥的翼为白色、腿粉红，嘴黄；外形看似相当猛健。背及两翼为浅灰色，北极鸥比中国任何其他鸥的色彩都浅淡许多。越冬时，成鸟头顶、颈背以及颈侧具有褐色的纵纹。

北极鸥通常喜欢成群而栖。沿海岸线寻找食物，并且还在垃圾堆里找食。北极鸥习惯于白昼生活，每当南极黑夜降临的时候，便飞往遥远的北极，因为北极与南极相反，而北极正是白昼，每年6月在北极地区"生儿育女"，到了8月便带着儿女飞到南方，12月到达南极附近，逗留到次年的3月份，每年远飞4万多千米。

北极鸥分布在北极地带以及地圈附近。繁殖于亚北极的北部，在繁殖区以南地区过冬，其地区分别是：佛罗里达，加利福尼亚，法国，中国以及日本。北极鸥为常见冬候鸟。中国东北各地，河北、山东、江苏以及广东都有过记录。常成小群或者成对活动在苔原湖泊、海岸岩石以及沿海上空。北极鸥的飞翔能力很强，也善于游泳，在陆地上行走也比较快。北极鸥主要以鱼、生水昆虫、甲壳类和软体动物等为食物，也吃雏鸟、鸟卵。繁殖期常在苔原陆地上捕食鼠类等充饥。

繁殖期5～8月；幼鸟3岁时性成熟；通常成对繁殖。营巢于临近海岸、河流与湖泊岸边以及苔原地上。巢多置于靠近水边的悬崖上或平地上，雌雄亲鸟共同参与营巢。每窝产卵2～3枚。卵的颜色为橄榄褐色，被有暗色斑点。

## ◎北极燕鸥

北极燕鸥属于体型中等的鸟类，它的羽毛主要为灰和白色，北极燕鸥喙和两脚为红色，前额为白色，头顶和颈背都为黑色，腮帮子为白色。肩羽带有棕色，上面的翼背为灰色，带白色羽缘，颈部为纯白色，尾部为灰色。其特点是头顶有块"黑罩"。其中，北极燕鸥在北极地区筑巢，另外，北极鸥繁殖后会向南极海域迁移。北极燕鸥并且还是长寿的鸟。

北极燕鸥是体态轻盈的海鸟，让人觉得它似乎能被一阵狂风吹走一样，然而它们却能进行长距离飞行。当北半球是夏季的时候，北极燕鸥在北极圈内繁衍后代。它们低低地掠过海浪，从海中捕捉小鱼和甲壳纲这类有硬壳的动物为食。

当冬季来临时，沿岸的水结了冰，燕鸥便出发开始长途迁徙。它们向南飞行，越过赤道，绕地球半周，最后来到了冰天雪地的南极洲，在这儿享受南半球的夏季。直到南半球的冬季来临，它们才再次北飞，回到北极。

它们主要吃鱼和水生的无脊椎动物。北极燕鸥的物种数量非常多，约为 100 万个个体。北极燕鸥可以称是鸟中之王。它们在北极繁殖，但却要到南极去过冬，每年在两极之间往返一次，行程数万千米。人类虽然是万物之灵，已经造出了非常现代化的飞机，但要在两极之间往返一次，也并不是那么简单的事，因此燕鸥那种不怕艰险追求温暖的精神和勇气非常值得人们学习。因为，它们总是在两极的夏天中度日，而两极的夏天太阳总是不会落下去，所以它们也是地球上唯一永远生活在光明中的一种生物。

在繁殖季节开始时，雄燕鸥挥动着轻快的翅膀在鸟巢的聚集地上空盘旋，向配偶展示自身的健壮。每个尖叫着的鸟嘴嘴里都会衔有一条刚捕捉到的鱼，希望以此吸引到尚未进行交配的雌鸟的注意力。然而，雄燕鸥在吸引到雌燕鸥的注意前，是不会轻易丢掉来之不易的礼物的，一旦它把礼物献给了钟情于它的雌鸟，它们在以后的大部分时间都一起生活在繁殖地。

## ◎粉红燕鸥

粉红燕鸥是一种产于世界各地的燕鸥。在繁殖季节，它们的胸呈粉红色。成年以后，尾巴深叉，头顶呈黑色，翅膀珍珠色，脚红色。

粉红燕鸥为中等体型、头顶黑色的燕鸥。白色的尾长并且深叉。夏季成鸟头顶黑色，翼上及背部浅灰，下体白，胸部淡粉。冬羽前额白色，头顶具杂斑，粉色消失。初级飞羽外侧羽近黑。幼鸟：嘴和腿为黑色，头顶、颈背和耳覆羽为灰褐色，背比普通燕鸥的褐色较深，尾白色并且没有延长。虹膜为褐色；嘴为黑色，繁殖期嘴基为红色；脚在繁殖期偏红色，其余均为黑色。

栖息于珊瑚岩和花岗岩岛屿及沙滩，一般不常见，经常会与其他燕鸥混群。飞行时的姿态优雅，俯冲入水捕食鱼类。燕鸥有时也会吃一些昆虫，然而它们的食物中还包括甲壳类动物以及小鱼。所以人们常看见它们从空中俯冲入水，捕捉鱼类。燕鸥成群结队地在海岛上筑窝，一般一窝产 2~3 枚个蛋，有些种类只产 1 枚。世界各地都有收集燕鸥蛋供人们消费的习惯。

## ◎大黑背鸥

大黑背鸥生活在大西洋的北部地区，它是东南亚也是世界上最大的海鸥之一，只有北极鸥与其体型相当，体长最长可达 79 厘米，翼展可达 2 米左右。它长着有力的黄色的喙、白色的头部和身躯，黑色的背部和翅

濒临灭绝的动物

膀。大黑背鸥主要是以海滨昆虫、软体动物、甲壳类以及耕地里的蠕虫和蛴螬为食；有时也捕食岸边的小鱼，拾取岸边及船上丢弃的剩饭残羹。大黑背鸥还会食用一些动物的残骸；它们也是效率很高的掠食者，并且能杀死野兔那样的动物，抓住小海鸟、小鸭吞下，大黑背鸥经

※ 海鸥

常独自或成对觅食。大黑背鸥春夏在美国的东北部海滨繁殖生息。秋冬季节它们迁移到美国南方的大西洋岸避寒。它们在多岩石的海岸筑巢。

## ◎银鸥

银鸥又名黄腿鸥、鱼鹰子和叼鱼狼等，全长约 60 厘米。体型厚重，头部较为平坦。夏季时头、颈和下体的毛羽为纯白色，背与翼上银灰色。腰、尾上覆羽纯白色，初级飞羽末端黑褐色，有白色斑点。嘴黄色，下嘴尖端有红色斑点。冬季时头和颈的毛羽具有褐色细纵纹。

栖息于港湾、岛屿、岩礁以及近海沿岸，喜欢群居。银鸥就像其他鸥属一样也是杂食性的，也从垃圾堆中、田园上及海边寻找食物，更会从千鸟或田鸠嘴中抢走不属于它的食物。银鸥是一种群居性鸟类，常常以几十只或成百只一起活动，喜欢跟着来往的船舶，以船中的遗弃物为食。

有时一只鸟入水取食，群鸟紧跟而下，从远处眺望看到，好似片片洁白的花瓣撒入水中，缓缓地随水荡漾，别有一番景致。银鸥是船舶即将靠岸的"活指标"。它们活动在近海附近，船员们发现了银鸥，就说明距岸已经不远了。银鸥以动物性食物为主，其中它的食物有水里的鱼、虾、海星和陆地上的蝗虫、鼠类等等。

银鸥一般会在陆地上或者悬崖上生蛋，一般为三只。它们会很小心地保护这些蛋，而它们的叫声也在北半球非常有名。

栖息于港湾、岛屿、岩礁和近海沿岸，喜欢群居。常尾随船只或聚集海岸码头，每群可达百只以上，捡食水中死鱼或残留物，也吃啮齿类以及昆虫。繁殖期 5～8 月。

## ◎关于海鸥的故事

一只海鸥，她的名字叫鸥儿。虽然她住在一座美丽城市的海边，但因为整天被一个大笼子罩着，很不自由。她想去蓝天飞翔，很想去做自己喜欢做的事，因此她每天祷告，希望某天能实现这个愿望……

终于有一天，天使来到了她的面前，把她带到了海洋中的一个岛屿，成为那里"海鸥海上护卫队净化组"的一名成员。脱离了禁锢的笼子，在这无限广阔的蓝天和海洋中，她高兴极了！天天满面笑容、放声歌唱、翩翩起舞、尽情施展她的才华……

她那动听的歌声萦绕在岛屿的上空，引起了另一只海鸥的注意，他的名字叫海儿。海儿也是"海鸥海上护卫队"的成员，在"预报组"工作。海儿被这动听的歌声惊呆了，也情不自禁地跟着鸥儿哼唱，一天又一天，海儿把他们唱过的一首首动听的歌记录成了一本书——《海鸥之歌》。一天，他把这本书递给了鸥儿。鸥儿对这本书爱不释手，看了一遍又一遍。受《海鸥之歌》的启发，鸥儿也接着写出了《海鸥之舞》，并且把《海鸥之舞》也拿去与海儿一同分享，海儿一下子就被书中的美文美图陶醉了……

那一天，海儿目不转睛地盯着鸥儿，鸥儿也含情默默地注视着海儿，两颗心都在扑腾扑腾急速地跳着，终于，他们情不自禁地紧紧相拥，两颗心从此贴到了一起……

天使派海儿和鸥儿把《海鸥之歌》与《海鸥之舞》送到其他的岛屿。于是，海儿挽着鸥儿，鸥儿倚着海儿出发了。

突然，一声刺耳的尖叫，一个不明飞行物迎面飞来，"嗖……"的一声从海儿和鸥儿身边飞过后，《海鸥之歌》和《海鸥之舞》两本书也就随着不见了！一阵惊吓后，海儿和鸥儿不得不返回居住的小岛。

海儿忏悔："我没完成好任务，我正在思过，请求原谅……"鸥儿说："不是海儿的错……"天使告诉他们："你们都没有错……"他们释然了。

时光飞逝，一年很快就过去了。一天，海儿和鸥儿照例去他们常去的"老地方"玩耍、嬉戏，他们时而在空中欢腾雀跃，一会儿又悠然自得地漂浮在海面上；一会儿在空中飞翔，一会儿又直矢海面，而后又迅速地腾空而起……不亦乐乎！

正玩得起劲时，海儿突然一脸阴沉，鸥儿忙问："海儿，你怎么啦？"海儿说："过几天我就要离开你，离开这个岛了，我真舍不得啊！天使只派我来这里一年。一年后，就要回原本属于我的居住地了，那也是一座美

BINLINMIEJUEDEDONGWU

濒临灭绝的动物

丽城市的海边，但我从来没有被笼子罩住过，我在那里是自由的。天使要我在那里完成我的使命"……

离别的这一天终于到来了，天使送给他们一只信鸽，一只鸿雁，嘱咐说："用你们的心，并借助信鸽和鸿雁传书去完成各自应该完成的神圣使命，包括共同写完《海鸥之魂》与《海鸥之灵》……"

就这样，海儿和鸥儿都眼噙泪花，相互怀揣着对方的那颗心依依不舍地分开了……

---

| 拓展思考 |

1. 你知道还有哪些种类的海鸥？
2. 海鸥的存在对人类有哪些益处？

# 团结的大雁

*Tuan Jie De Da Yan*

大雁在世界上的分类主要有9种，而中国就占有7种，所以说中国是大雁的主要栖息国家。大雁又被称为野鹅，为大型候鸟，属于天鹅类。除了白额雁外，常见的还有鸿雁、豆雁、斑头雁和灰雁等。大雁的共同特点是体形较大，它们鼓励同伴的方法也是很特别的，它们能给同伴跳舞，也能用叫声鼓舞对方。

## ◎大雁的外形特征及习性

大雁嘴是非常宽而且厚的，同时它的嘴甲也是比较宽阔的。但是它的颈部非常短，翅膀又长又尖。它的身体的羽毛大多为褐色、灰色或白色，在大雁额部没有肉质突起，尾部下方呈流线型向上。大雁主要以嫩叶、细根、种子，有时会啄食农田谷物。每年春分后飞回北方繁殖，秋后飞往南方过冬。雁群飞行时，有时排成"一"

※ 大雁

字，有时"人"字形。喜欢群居在水边的大雁，夜晚当然也会有属于它们自己的警卫，当遇到危险的时候，它们就会鸣叫通知大家。

大雁的适应性是很强的，属于杂食性水禽，常栖息在水生植物丛生的水边或沼泽地，采食一些无毒、无特殊气味的野草、牧草、谷类及螺、虾等。有时也在湖泊中游荡，喜欢在水中交配。它们的合群性活动很强，并且还喜欢争斗，春天的时候，有10～20只一起活动，但是到了冬天的时候就会有数百只一起觅食、栖息。群居时，通过争斗确定等级序列，王子雁有优先采食、交配的权力。大雁求偶时，雄雁在水中围绕雌雁游泳，并上下不断摆头，边伸颈汲水假饮边游向雌雁。等到雌雁也作出同样的动作时表示它已经同意交配，之后雄雁就转至雌雁后面，雌雁将身躯微微下沉，雄雁就登上雌雁背上用嘴啄住雌雁颈部羽毛，振动双翅，进行交配。

大雁集肉、蛋、绒、药用于一身，它的肉味是十分鲜美的，因为胸腿部肌肉发达，肉纤维虽比野鸭粗，烹调后味香肉嫩。富含人体所需的维生素和微量元素。

**知识链接**

大雁是出色的空中旅行家。每当秋冬季节，它们就从老家西伯利亚一带，成群结队、浩浩荡荡地飞到我国的南方过冬。第二年春天，它们经过长途旅行，回到西伯利亚产蛋繁殖。大雁的飞行速度很快，每小时能飞 60 多千米至 90 千米，几千千米的漫长旅途得飞上一两个月。

## ◎白额雁

白额雁被称为花斑、明斑，是大型雁类的一种，它的体长 70 厘米左右，体重为 2000 克以上。由于它的额部和上嘴的部位有一个白色的带斑，在它的后缘处为黑色，这是它被称为白额雁的原因。它的虹膜是褐色的，嘴为淡红色，脚为橄榄黄色。尾羽为黑褐色，具有白色的端斑。尾上覆羽白色，前端有一条细小的白斑，胸部以下逐渐

※ 白额雁

变谈，腹部为污白色，杂有不规则的黑色斑块，在它的两肋处是灰褐色，腿是橘黄色的。

白额雁属候鸟，过冬在中国长江中下游、东南沿海和台湾。迁徙期间分布于中国东北、内蒙古、华北、新疆等地。由于环境恶化和过度狩猎，白额雁的种群数量已急剧减少。

白额雁迁徙主要是在晚上进行，白天停息下来觅食和休息。繁殖季节栖息于北极苔原带富有矮小植物与灌丛的湖泊、水塘、河流、沼泽以及附近苔原等各类环境。冬季主要栖息在开阔的湖泊、水库、河湾、海岸、平原、草地沼泽和农田。

白额雁在迁徙的时候无论是飞行、休息还是觅食它们都是成群的，在迁飞的时候它们会一边叫一边飞，叫的声音很大，它们会以单列的方式飞行。到达越冬地后，分成小群或家族群活动。

## ◎鸿雁

鸿雁的分布是非常广泛的，在国内它主要分布于我国东北、内蒙古、新疆、青海、河北、河南、山东及长江下游、台湾等地。国外主要是西伯利亚等地区。

鸿雁的特征是非常明显的，在它的背、肩部都是暗褐色的，羽毛的边缘是淡棕色的，而它的下背和腰部是黑褐色的，前颈下部和胸均呈淡肉红色，头顶及枕部为棕褐色，头侧浅桂红色，它的须和喉都是白色的，但是它的后颈正中是咖啡褐色的。雄雁的上嘴基部有一瘤状突，它们喜欢生活在旷野、河川、

※ 鸿雁

沼泽和湖泊的沿岸，在春天的时候 20～40 只集成小群，秋季的时候集群的数目是比较大的。在飞行时它们的特点是成"V"字形，主食各种水生和陆生植物及藻类，也食少许软体动物的贝类。它们喜欢在北方建巢繁殖，巢的形状是皿状的，每次大约产卵 5 枚左右，它的重量可以达到 125克左右。孵化期为 30 天左右。雌鸟孵卵，雄鸟守候在巢的附近。

## ◎豆雁

豆雁是雁形目鸭科的一种，体长约 80 厘米，它的头、颈棕褐色，上体其余部分大多是灰褐色，具白色羽端；喉、胸淡棕为褐色，腹部为白色，两肋具灰褐色横斑，尾上覆羽、尾下覆羽和外侧尾羽端部纯白；嘴黑色，先端有橙色带斑。它们在冬季的时候喜欢结成几只或者是几十只的群体队伍，在沼泽和湖泊地带寻找食物。

豆雁属于中体形中最大的一种，飞行时双翼拍打用力，振翅频率较高；脖子较长；腿位于身体的中心支点，行走自如。有扁平的喙，边缘这锯齿形状，有助于过滤食物。有迁徙的习性，迁飞距离也较远。

濒临灭绝的动物

豆雁繁殖季节的栖息生境因亚种不同而呈现出不同的变化。有的主要栖息于亚北极泰加林湖泊或亚平原森林河谷地区，且有的栖息于开阔的北极苔原地带或苔原灌丛地带，还有的栖息在很少植物生长的岩石苔原地带。迁徙期间和冬季，则主要栖息于开阔平原草地、沼泽、水库、江河、湖泊及沿海海岸以及附近农田地区。

※ 豆雁腾飞

　　豆雁主要以植物性食物为食。繁殖季节主要吃苔藓、地衣、植物嫩芽、嫩叶、包括芦苇和一些小灌木，也吃植物果实与种子以及少量的动物性食物。迁徙和越冬季节，这期间主要以谷物种子、豆类、麦苗、马铃薯、红薯、植物芽、叶和少量软体动物为食。觅食多在陆地上。通常会在栖息地附近的农田、草地和沼泽地上觅食，有时也会飞到较远处的觅食地。寻食大多数在早晨和下午，中午多在湖中水面上或岸边沙滩上休息。性机警，不易接近，常在距人 500 米外就起飞。晚间夜宿时，常有一只到数几只雁做警卫，伸颈四处张望，一旦发现有情况，立即发出报警鸣叫声，雁群闻声立即起飞，边飞边鸣，不停地在栖息地上空盘旋，直到危险过去并且确定没有危险时才飞回原处。

　　豆雁营巢在多湖泊的苔原沼泽地上或偏僻的泰加林附近的河岸与湖边，也有在海边岸石上、河中或湖心岛屿上营巢的。巢多置于小丘、斜坡等较为干燥的地方，或者是在灌木中与灌木附近开阔地面上。营巢由雌雄亲鸟共同进行，它们先将选择好的地方稍微踩踏成凹坑，再用干草和其他干的植物打基础作底垫，里面再放些羽毛和雌鸟从自己身上拔下的绒羽。

　　豆雁通常每年 8 月末～9 月初即离开繁殖地，到达中国的时间最早在 9 月末～10 月初，大量在 10 月中下旬，最晚 11 月初。通常白天休息，然而有时白天也进行迁徙，特别是天气变化的时候。迁徙时成群，群体由几十只至百余只不等，在停息地常集成更大的群体，有时多达上千只。

　　其种类主要分布于欧亚大陆及非洲北部，包括整个欧洲、北回归线以北的非洲地区、阿拉伯半岛以及喜马拉雅山等以北的亚洲地区。

## ◎斑头雁

斑头雁身体的羽毛大部分是银灰色的，它的体长80厘米，在它的头部显现的是白色，在头顶和枕部都有两条黑斑。嘴、脚黄色，两性相似，白天在水田、湖泊、沼泽草地等地活动，夜间在麦地等旱作地和草地上过夜，主要以禾木科和莎草科植物的叶、茎、青草以及豆科植物种子等植物性食物为食。在国内的主要繁殖地点是新疆、西藏、青海、宁夏、甘肃、内蒙古、呼伦池和克鲁伦河一带，越冬的时候在我国长江流域以南的广大地区。

※ 斑头雁

斑头雁是我国青藏高原地区比较常见的夏季候鸟，种群数量较大，特别是青海湖鸟岛，斑头雁较为集中，种群数量也较大。近年来，由于狩猎、偷捡鸟蛋等不法行为，使种群数量明显减少。

※ 斑头雁母子

## ◎灰雁

有黄嘴灰雁之称的灰雁，在它的头顶和后颈都是褐色；嘴基有一条窄的白纹，繁殖期间呈锈黄色，有时白纹不明显。背和两肩灰褐色，具棕白色羽缘；它的腰的两边是白色的，在它的胸部和腹部是污白色的，而且还有不规则的暗褐色斑，从胸向腹部逐渐增多。两胁淡灰褐色，羽端灰白色，尾下覆羽白色。虹膜褐色，嘴肉色。

主要分布于欧亚大陆及非洲北部，包括整个欧洲、北回归线以北的非洲地区、阿拉伯半岛以及喜马拉雅山等亚洲地区。

灰雁栖息在不同生境的淡水水域中，常见出入于富有芦苇和水草的湖泊、水库、河口、水淹平原、湿草原、沼泽和草地。它们主要是以各种水生和陆生植物的叶、根和种子等为食物，有时也吃螺、虾、昆虫等动物食物；迁徙期间和冬季，亦吃散落的农作物种子和幼苗。

※ 灰雁

## ◎关于大雁飞行的故事

大雁能排成这样整齐的大队飞行，这是很奇怪的事。大雁飞行的时候以前本来不是排队，它们白天忙了一天都很疲劳，到了晚上就栖在芦苇上休息，但总是轮班守夜。白天大雁飞得高，打雁人瞄不准，所以他们总是在夜间守候。

有一群大雁，老雁领了一家子飞了一天，到夜里就栖在河边的草丛里。睡觉前安排好守夜的雁。老雁还是不放心，就嘱咐守雁说："今晚轮到你守夜，一直到天亮，可千万不能打瞌睡，要静心听着，仔细看看，一旦有动静就快点拍翅膀高叫，大伙醒了好赶快飞走。这是打雁的人要来杀我们了。"

守夜的雁不耐烦地说："爷爷，您就放心地去睡吧！"

"知道是知道，你年轻没经历过这受伤害的事，要多加小心呀。"

"我会小心，还怎么着？真啰嗦。"

老雁再也没说什么，这才跟大家一起去睡觉了。

这时正值秋末冬初时，夜时不仅冷，偏偏又阴了天，风一刮竟飘起雪花来。守夜的雁守到半夜，又累又困又冷，它看着睡得正香的雁，自言自语地说"我怎么这么倒霉，轮到我守夜偏偏碰到这么个天气，天也快亮了，应该没有事了吧？我已经守了半夜了，不如趁这时候暖暖地睡一觉。"

守夜的雁也困极了，就偎在草丛里睡着了。

打雁的人也有个算计：守夜的雁快到天亮时最困，遇到坏天气，大雁肯定不加小心。打雁的人就带着火枪来了。他们来到了河边，把火枪架到高处，对准雁群，"轰"一阵烟火冒起，一群雁只飞走了一只，其余的全部被打死了。

飞走的正是这只老雁，老雁睡觉时总是惦记着全家，它睡得不踏实，它听见动静就醒了，可来不及叫醒大家，火枪已经响了。

老雁飞走以后，就把这个故事告诉了所有的雁：只因一只雁不小心，全家都被打死了。

大雁们知道后，不仅是每回守夜更加小心，还怕后代把这痛心的事忘了，就想出了这么一个法子——起飞时排成"一"字或"人"字形。

读了这个故事，我们都应该知道什么是责任。人生活在社会上，有许多事情你必须去做，但你不一定全都喜欢，这就是责任的含义。更重要的一点是，人类为了个人利益而猎杀了无数只大雁，且又因气候变异、栖息地减少等原因，导致现在大雁数量越来越少。

---

**拓展思考**

1. 大雁飞行时为什么会排成"一"字或"人"字形？
2. 大雁的经济价值有哪些？为什么大雁会越来越少？

---

濒临灭绝的动物

# 鸟中君子——黑鹳

*Niao Zhong Jun Zi —— Hei Guan*

黑鹳的腿较长，胫以下的部分裸出，呈鲜红色，前趾的基部之间有蹼。眼睛内的虹膜为褐色或黑色，周围裸出的皮肤也呈鲜红色。身上的羽毛除胸腹部为纯白色外，其余都是黑色，在不同角度的光线下，可以照射出变幻多彩的绿色、紫色或青铜色金属光辉，尤其是以头、颈部的更为明显。

※ 黑鹳

## ◎黑鹳的习性及濒危原因

栖息于河流沿岸、沼泽山区溪流附近。黑鹳的食物是以鱼类为主，其次是蛙类、软体动物、甲壳类，偶尔有少量蝼蛄、蟋蟀等昆虫以及夹带吃入的水草。

夏天在中国北方繁殖，秋天飞往南方越冬。迁飞时结群活动，平时则单独活动，繁殖季节成对活动。一年繁殖一窝，每窝通常产卵

※ 正要起飞的黑鹳

4～5枚，最多的时候产6枚，最少则产2枚，卵为白色的椭圆形，并且光滑无斑。黑鹳主要在白天迁徙，迁徙飞行时主要靠两翼鼓动着飞翔，有时也会利用热气流进行滑翔。

目前黑鹳大量减少，繁殖地生境条件的恶化是影响黑鹳繁殖力的主要因素之一，特别是化工、冶金、轻工三大工业所排放的废气、废水、废渣等以及农业生产所用的化肥、农药等有很多进入各种水域从而造成污染，不仅使黑鹳的食物大量减少，还直接影响了它们的生长繁殖。

▶ 知识链接

黑鹳是一种体态优美，体色鲜明，活动敏捷，性情机警的大型涉禽。黑鹳具有较高的观赏和展览价值，已被列为国家一级重点保护动物，由于近年数量急剧减少，又被《濒危野生动植物种国际贸易公约》列为濒危物种，珍稀程度不亚于大熊猫，专家多认为其数量还在下降。

◎关于黑鹳的传说

从前，有两对夫妇：白鹳夫妇与黑鹳夫妇。黑鹳夫妇郎才女貌，相亲相爱，冬末春初时节就开始搭建自己的爱巢。白鹳夫妇的日子却有点儿惨淡，但还是努力经营着。实际上，原先的白鹳夫妇也很恩爱，一次偶然的事故，妻子的长喙在笼网上碰掉了一段，从此，白鹳先生就有点儿陈世美了，总看

※ 与"朋友"嬉戏的黑鹳

不惯妻子有点儿丑陋的嘴。因此，白鹳夫妇的关系若即若离，在适合卿卿我我的季节里，也看不到它们筑巢育子了。不但如此，有点儿陈世美的白鹳先生还看不得黑鹳夫妇的恩爱模样，常瞅准黑鹳夫妇离巢寻找巢材的时候，把他们的巢啄蹬得一塌糊涂。而沉醉在甜蜜爱意里的黑鹳夫妇看到自己辛苦搭建的爱巢被别人破坏了也没有表现出很生气的样子。这可能是相爱的人不但富有爱心，也富有宽容之心吧，过后，就忙碌地去寻找巢材继续搭建爱巢。

看到自己几次的肆意破坏行为并没有激怒黑鹳夫妇，这让白鹳先生自己也感到很无趣，就停止了骚扰黑鹳夫妇的行为，但是对自己的妻子仍然是不冷不热。因此，白鹳女士常孤单地待在角落里，白鹳先生仍是很不安分地东飞西逛。日子就这么继续着……

◎黑鹳的故事

在很久很久以前，黄土高原上屹立着一个消瘦且苍劲的身影，因他身穿黑衣而被人称为黑衣侠士。

凡与"侠"字沾边的，自然少不了做惩奸除恶的事，当然也避免不了被暗地追杀。此时，黑衣侠士正被数十个人包围着，而且身受重伤，在几番博斗后终于杀出一条血路，仓皇而逃。几回曲折婉转地奔跑，终于甩掉了身后的"苍蝇"，不过黑衣侠士也无力地倒在一个农家小院门口。

故事就这样开始了！

昏迷了几天后的黑衣终于醒了，他看了看陌生的房间，艰难地下床走

到门口。院子里仅有几株梅树稀稀落落的开着，安静极了。正在黑衣兀自迷惑之时，隐约听到叽叽喳喳的小鸡叫声。紧接着，院门开了，一个身穿白色衣裙、美若天仙的姑娘赶着一群小鸡进来了，姑娘看见门口立一人愣了一下，随即又淡然地笑了。"你醒了?""醒、醒了，多谢姑娘救命之恩。"口齿伶俐的黑衣不知怎么变结巴了。"不用谢！我可不是白救你的，能走路了哇?"白衣姑娘自顾自地走回了屋，倒了杯茶坐下喝道。

"姑娘有何吩咐？只要不违背道义……"黑衣立即抱拳道。

"停!"白衣打断黑衣的话，一本正经地说，"给我的小鸡捉一个月的毛毛虫就行了。"

从此以后，大家就看到这样一个场景：白衣迈着轻快的步伐在前面走着，后面跟着一群毛茸茸的小鸡，最后面就是正义凛然、威风凛凛的黑衣了，只见他东闪一下，西晃一下，数十只小鸡竟然一个也没落下。

阳光明媚的一天，当白衣在秋千上昏昏欲睡，黑衣照顾小鸡时，来了几位不速之客，黑衣快速将小鸡们赶到白衣跟前，（现在黑衣可爱护这群小鸡了，不过有一次他不小心拈死一只，白衣硬是让他和那只死小鸡睡了三天。）摇醒白衣，让她带着小鸡先走。只见白衣站起来伸了个懒腰，手一挥，那些小鸡整齐地朝家的方向走去。黑衣愣住了，不过那些人可没给他那么多发愣的时间，一照面就开打，白衣则又坐在秋千上饶有兴致地观看。打了半天还不见分晓，白衣无聊的朝黑衣喊道："用不用我帮忙啊?"黑衣一分神差点被砍到，连忙答道："那多谢姑娘了。"只见白衣抬起手轻轻一挥，那十几个大汉不见了，地上反而多了十几只小鸡。黑衣又愣住了，白衣拍拍手无奈地说："那你就再帮我喂一年的小鸡好了！"过了半晌，黑衣才结结巴巴地说："你、你、你是妖怪?""你才是妖怪呢，我是人见人爱、花见花开，东方见了也不败的仙女！"白衣无比自豪而又陶醉地说。"那、那这些小鸡都是人变的?""是啊！所以你小心点，如果惹到我不高兴了把你也变成小鸡。"白衣坏坏地说到。

从此，黑衣噩梦般的生活开始了，他看白衣的眼神除了最初的爱慕，又多了一丝敬畏。

转眼间，黑衣已经喂了半年的小鸡了，由起初的不适已经变为手到擒来，白衣也做起了甩手掌柜，整天游山玩水。黑衣侠士在江湖上的名号慢慢的已经淡了，有人传言他被仇人杀了，有人说他隐居了。

一天，他们又漫步在小河边，夕阳的余晖散在他们身上，像极了一个不真实的梦。白衣对黑衣说："你已经为我喂了半年的小鸡了吧，以后不用了，你走吧！"

"我……"在黑衣正要说时，白衣打断了他的话，又说道："我知道，这半年委屈你了，我把这群小鸡送给你。"黑衣听后马上说："我不要，你不想喂就把他们变回来就行了。"黑衣避重就轻地说。"我要是会把他们变回来，早就变了，我……我只会变小鸡，不过半年后他们就会自己恢复过来的。"白衣的声音越来越低。"什么？你只会变小鸡，你是什么仙女啊？"黑衣很受打击地问道。"不关你的事，不要小鸡那你自己走吧！"白衣转身面向河水大声说道。黑衣默默地看着白衣纤弱的背影，转身离去。

当白衣自己回到家里，静悄悄地，白衣找遍每个角落都找不到一只小鸡。可能是被黑衣带走了吧！白衣静静地想，然后又不自觉地流下眼泪。

黑衣赶着一群小鸡不知道走了多远，他想不通白衣为什么要赶他走，他想着，一直想着……突然黑衣眼前白光一闪，小鸡不见了，全变成了人。看着那些人迷茫的眼神，黑衣一下子醒悟过来，他以最快的速度跑回家，看到院子里已狼藉一片。发生什么事了，白衣为什么要支开我？黑衣捡起了一根雪白的羽毛，轻轻擦拭，突然羽毛上出现了墨迹：

"黑衣，我就知道你会回来的，傻瓜！其实我是一只仙鹤，但被林逋束缚了法力，他霸得梅姑，又拘我们为其子女。我是在我师哥的帮助下偷偷跑出来的，师哥曾偷偷爱上一个凡间女孩，林逋却将那女孩儿陷于沼泽中淹死。最近我感觉他快找到我了，我怕你也会……所以赶你走，但我却很舍不得。你放心吧，我还会再回来的，你一定要等着我。好好照顾自己！"黑衣握紧羽毛，坚定地说到，我一定会等你的。

"哈哈哈哈……还真是痴情一片啊！"就在黑衣决定去找白衣时，突然从半空传来一声音。

"你就是林逋？白衣呢？"黑衣愤怒地问道。

"肉眼凡胎怎配得我女？如果我把你变成一只又大又黑的怪鸟，你说白衣还能认出你么？哈哈哈哈"林逋说完，手一挥。

黑衣还来不及反应，仅仅用手一挡，只见他手中的羽毛发出淡淡的白光，便融入黑衣的体内，而黑衣也变成现在我们所看到的黑鹳。

故事到这里就结束了，黑衣一直在寻找着白衣，他扇动着巨大而有力度的翅膀，找遍了每一个角落，但都没有白衣的踪影。但他还是坚持着，寻找着！

至于白衣会不会回来？谁也不知道，也可能她根本就没离开。

---

**拓展思考**

1. 黑鹳属于哪种鸟类？
2. 你能简述黑鹳的故事吗？

# 接

## 近灭亡的淡水鱼类

第二章

JIEJINMIEWANGDEDANSHUIYULEI

　　我国极度濒危淡水鱼类生活在长江里，由于过度捕捞和水坝建设使白鲟数量锐减。自 2003 年以来，再也没人见过野生白鲟。随着生产力的发展，生物因受到人类活动的频繁干扰从而加速了灭绝的步伐。由于环境污染，水质下降，导致淡水生态的各种鱼类濒危灭绝的可能性加重，所以也给人类造成了一定的威胁。

# 国宝活化石——中华鲟

*Guo Bao Huo Hua Shi —— Zhong Hua Xun*

中华鲟有着"国宝活化石"的美称，它所属的鲟鱼类都是在距今约1.4亿年的中生代末期的上白垩纪出现的，它是与恐龙同时代的现存种类，也是中国特有的珍稀鱼类。

## ◎中华鲟外形特征

中华鲟属于软骨硬鳞鱼类，身体为长梭的形状，尾部为犁状，基部比较宽厚，尾端尖，稍微向上翘。它的嘴位于下部，形成一横列，嘴的前方长有短须；眼后头部两侧，各有一个新月形喷水孔，全身披有棱形骨板五行。尾鳍歪形，上部分特别发达。中华鲟鱼，是世界

※ 中华鲟

27鲟鱼之首，它的体形比较大，形态威武，长可达4米多，体重过于千斤。中华鲟是一种大型洄游性鱼类。一般情况下，中华鲟栖息于北起朝鲜西海岸，南到我国东南沿海的沿海大陆架地带。中华鲟为底栖鱼类，食性非常狭窄，属肉食性鱼类，主要以一些小型的或行动迟缓的底栖动物为食，在海洋里主要以鱼类为食，甲壳类次之，有时候也会吃一些软体动物类。

中华鲟平时栖息在海中觅食慢慢成长，开始成熟的个体于7～8月间由海进入江河，在淡水栖息一年性腺逐渐发育，直到下一年的秋季，繁殖群体聚集于产卵场繁殖，产卵以后，雌性亲鱼很快就会开始降河。

> **▶ 知识链接**
>
> 中华鲟生理结构特殊，既有古老软骨鱼的特征，又有现代鱼类较多的硬骨鱼特征。形近鲨鱼，鳞片呈大形骨板状；鱼头呈尖的形状，口在颌下。从它身上可以看到生物进化的某些痕迹，因此被称为水生物中的活化石，具有很高的科研价值，是我国长江中的瑰宝！

中华鲟为地球上最古老的脊椎动物，是鱼类的共同祖先——古棘鱼，距今有 1.4 亿年的历史，此种类与恐龙生活在同一时期。中华鲟在分类上占有极其重要的地位，是研究鱼类进化的重要参照物，在研究生物进化、地质、地貌、海侵、海退等地球变迁等方面均具有重要的科学价值和难以预测的生态、社会、经济价值。但由于种种原因，这一珍稀动物已濒临灭绝。保护和拯救这一珍稀濒危的"活化石"对发展与合理开发利用，野生动物资源以及维护生态平衡都有着深远意义。经探究，从它身上可以了解到生物进化的某些痕迹，因此被称为水生物中的"活化石"。

目前，中国投资兴建中华鲟人工繁殖研究机构，使此鱼在长江失去了产卵繁殖的场所、以致那些大腹便便而丧身的中华母鲟鱼保存下来，其结果有了一定进展。

---

**| 拓展思考 |**

1. 中华鲟有哪些价值？
2. 中华鲟与白鲟有哪些区别？

# 最大的淡水鱼之一——巨骨舌鱼
*Zui Da De Dan Shui Yu Zhi Yi ——— Ju Gu She Yu*

※ 巨骨舌鱼

巨骨舌鱼是一种比较古老的鱼类，它生活在世界上最原始的热带丛林水域中，在巴西、秘鲁的亚马逊河流域以及委内瑞拉、哥伦比亚境内的亚马逊水系的支流中它们是很常见的种类。骨舌鱼或巨骨舌鱼属于残存的古生淡水鱼类，据推测最早出现在 1 亿年前，由于舌中有长出硬骨牙齿，因此这种鱼类被称为骨舌鱼。

最大的个体体长可达 2~6 米，体重达到 100 千克。体形巨大，为长形，头稍侧扁；头部骨骼由游离的板状骨组成；嘴比较大，且没有胡须；没有下颌骨，然而它的舌上长着坚固发达的牙齿。鳔四周生长着许多的血管，内表似蜂窝一样的形状，常有特殊的鳃上器。鳞片又硬又密，就像镶嵌在上面一样；背鳍和臀鳍长在身体的后部，互相对着；尾鳍为圆形，身体为灰绿色，背部的颜色较深，腹部比较淡，尾鳍及体后部为红色。

巨骨舌鱼生活在南美洲的淡水河里，通常以小鱼为主食，有时候也捕食蛇、龟、青蛙以及昆虫类。由于体型大而显得笨重，所以游动比较缓慢，它是世界上最大的淡水鱼类中的一种。生殖季节挖穴产卵，雄鱼保护幼鱼发育达 2~3 个月，一直到幼鱼能独立生活后才会离开。有的可以长达 3 米、重达 180 千克。由于人们过度捕捞，现在全世界这样大的淡水鱼已经非常罕见。

> **知识链接**
>
> 巨骨舌鱼具有很大的经济价值，一条巨骨舌鱼平均有 70 千克的鱼肉。另外，在南美洲巨骨舌鱼的舌头被用来磨成粉末，同瓜拿纳（瓜拿纳是生长在巴西亚马逊丛林的珍稀物种）一起混水喝下去，据说能杀死肚子里的蛔虫。另外，巨骨舌鱼在全世界的水族馆或个人饲养都具有一定的观赏价值，十分受欢迎。

在亚马逊河，当地把巨骨舌鱼当作食用鱼而滥捕，体长超过 4 米的大鱼已经少见了。这种鱼上钩后虽然不跳出水面，但也拼命地摆动身躯或在水面使劲翻滚，经常致使捕鱼者船毁人亡。巨骨舌鱼是分布在热带的大型鱼类，骨舌鱼身体侧扁像带子，在亚马逊当地被叫做腰带鱼。亚马逊原产的有双须银骨舌鱼和黑骨舌鱼，东南亚原产的有美丽巩鱼，非洲原产的有异耳鱼，然而在澳洲也有原产的种类。

夏季的时候，由于天气酷热，流速缓慢的河水含氧量会降低，巨骨舌鱼需要不断地浮上水面吞咽空气来呼吸。在旱季，它也能靠躲在泥沙里钻洞来自保。

巨骨舌鱼像鲑一样在浅滩产卵，1～5 月为产卵期，约 16 万个卵分别分为数次产下；产下的卵大约 5 天就可孵化；在此时，雄鱼的尾部会变成红色，保护卵以及照顾刚刚孵化的幼鱼就是雄鱼的责任。幼鱼的头为黑色的，雄鱼的头也是黑色的，所以幼鱼常围绕着雄鱼的头周围而不愿离去，雌鱼也在周围游动并且追赶可能的敌人。

# 淡水鱼之王——香鱼

*Dan Shui Yu Zhi Wang —— Xiang Yu*

香鱼的生长季节通常是夏季与秋季。香鱼肉质细嫩，味道鲜美，在亚洲被视为"鱼中珍品"，美国鱼类专家丹尔称香鱼为"世界上最美味的鱼类"。特别是在中国内陆、港台地区及日本、东南亚更称之为"河鱼之王"而备受青睐。香鱼的分布范围极其广阔，日本、朝鲜、中国都有分布。

香鱼体形狭长而侧扁，吻尖且头较小，嘴大眼睛较小，身体为青黄色，背缘为苍黑，两侧及腹部为白色，覆盖着一些细小的鳞片，尾分叉，各鳍无硬棘，背鳍后有一小脂鳍，鲜活时各鳍淡黄色，腹鳍的上部分有着黄色斑。有趣的是，在香鱼的背脊上生长有一条满是香脂的腔道，所以能散发出浓郁的芳香味而被称为"香鱼"。

※ 香鱼

每逢中秋节，香鱼旺盛的季节，满江飘香，栖息在碧水溪流中的香鱼，争先恐后地向上游冲过来，被秋风吹向岸边，阵阵清香扑面而来，从而形成了一年一度的"香鱼风"。

▶知识链接

香鱼闻着香吃着会更香，曾经是乾隆皇帝的供品，被誉为"淡水鱼之王"。浙江宁海的凫溪村，这里气候宜人，环境幽静，凫溪就是村里一条通海的溪流，水中多石砾，水清流急，藻类丛生，原本是香鱼栖息觅食的最佳场所，然而目前这里早已找不到香鱼的踪影。

在秋季的时候，将要"临产"的香鱼，就会大量集结在沙砾浅滩处"生儿育女"。香鱼产卵后，体质就会变得虚弱，大多数鱼类会因此死亡。由于它的生命很短暂，只有一年时间，因此又有"年鱼"的别称。次年的春天，幼体香鱼就会从入海口进入溪流中生活，为了寻找食物，它们成群结队逆着溪流向上游的方向竭力游去，即便遇到急流、洪峰或者是其他的障碍物，也会奋不顾身地向上游前进。它们会冲破一道道的阻力，奋勇前进，简直就像一群游泳健儿充满青春活力的比赛。幼鱼在河川中生长发育，随着性腺的发育，又会向着河川的下游洄游，在9～11月产卵随着仔鱼的生长发育以及水温的继续下降，幼鱼就会游入海中过冬。

香鱼的食性和其他植物食性鱼类比较相似，在苗种阶段时为动物食性，随着个体发育而转为植物食性以及杂食性。开始吃一些枝角类和桡足类及其他小型甲壳类，一直持续到溯河洄游。在游进河川的行程中，摄食的器官会发生演变，取食也逐步改为低等藻类。

香鱼是一种名贵的小型经济鱼种，也是浙江宁海凫溪的传统特色，但到了20世纪60年代，由于拦截溪水兴建水库，滥捕和水质环境变差等原因，香鱼几乎灭绝。

## ◎关于香鱼的传说

香鱼原来出产于湖北兴山县王昭君的故乡。王昭君是中国历史上有名的四大美女之一，她的美貌当然是举世无双，她的身上还有一种扑鼻的异香，使人似醉似痴。虽然王昭君当时出身贫寒，在她少女时代，从来也不涂脂抹粉，但她一出家门，她身上飘洒出来的芳香十里外都能闻到，所以有"香美人"的称号。

有一天，王昭君到香溪河边去洗衣服，突然，有一群小鱼闻到王昭君身上的香味，都向她身边游来，其中有一条小鱼居然钻进她的裤筒里，不肯离去。王昭君又惊又羞，捧起那条小鱼细看，头小嘴尖的，体色为青黄色，鳃盖后方有一条卵形橙色斑纹，尾部又细又长，好似凤尾，全长约十多厘米，十分漂亮并且非常活泼可爱，王昭君就很高兴地把它捧回家中去了。

刚巧，王昭君的母亲卧病在床，因家庭贫寒，也没有可口食物滋补。王昭君就把这条小鱼烹煮了，给母亲吃。不知是王昭君家中缺盐少酱，还是没有可口佐料，或者是王昭君母亲在病中，口苦食甘，总之，王昭君母亲吃了这条鱼，没有什么味道，王昭君为此十分懊恼。她想，香溪里这种小鱼非常多，如果这种小鱼味美而质鲜，每逢到灾荒年头的话，这里的乡亲们也可捉鱼充饥，解燃眉之急。于是，她选了一个黄道吉日，把自己浴身后的充满香脂气息的浴水投进溪里。她一边倒浴水，一边唱到："溪百里，生贵鱼，济贫穷，上宴席"。倒着，唱着，唱着，倒着，说来也怪，王昭君浴身后的香脂水，瞬间都变成一条条活泼可爱的小鱼，向香河中下游游去。其形状如同王昭君捉到的那条小鱼一模一样，但它的背脊上却长出了一条满是香脂的腔道，并且能散发出阵阵诱人的芳香。从此，香溪河纵横百里，也就有了这种奇特的香鱼。

一眨眼，几百年过去了。后来有人把香鱼从湖北引进到了闽南，闽南也成为香鱼的产地。到了明朝，郑成功率兵驱逐倭寇，开发台湾岛。当时郑成功也把香鱼带到台北市溪碧潭放养繁殖，试养成功，台湾从此也就盛产香鱼了。人们为了怀念郑成功，所以称之为"国姓鱼"，因为台湾人称郑成功为"国姓爷"。

现在，世界上这种鱼已很稀少，只有我国闽南、台湾局部地区还存有丰富资源。因为香鱼的肉醇厚，肉质细嫩味美并没有特殊的香味，犹如从香水中捞出来一样，而且也没有鱼腥味，所以，评价很高。香鱼不仅是高级宴席上的一道佳肴，并且有着"淡水鱼之王"的美誉。

| 拓展思考 |

1. 在宴席上我们最常见的鱼是哪个种类？
2. 香鱼有哪些价值？

濒临灭绝的动物

# 水中珍品——三文鱼

*Shui Zhong Zhen Pin —— San Wen Yu*

三文鱼是一种生长在加拿大、挪威、日本以及美国等高纬度地区的冷水淡水鱼类。三文鱼肉质细嫩、颜色鲜艳、口感爽滑，近年来三文鱼已成为家庭餐桌上的美味佳肴。

## ◎三文鱼的价值

三文鱼鳞小刺少，肉色为橙红，肉质细嫩鲜美，也可以直接生吃，又能烹制菜肴，是深受人们喜爱的鱼类。三文鱼除了是高蛋白、低热量的健康食品外，还含有多种维生素以及钙、铁、锌、镁、磷等矿物质，并且还含有丰富的不饱和脂肪酸。三文鱼所含的不饱和脂肪酸能有效地降低高血压以及心脏病的发病率，还对关节炎、乳腺癌等慢性病有很大的益处，

※ 三文鱼

对胎儿和儿童的生长发育有着促进作用。三文鱼能有效地预防就像糖尿病等慢性疾病的滋生、发展，并且具有很高的营养价值，因此有着"水中珍品"的美誉。鱼肝油中还富含维生素 D 等，能促进机体对钙的吸收利用，有助于对儿童的生长发育。

▶ 知识链接

日本海域出产的三文鱼普遍出现汞含量超标，香港电视台也曾做过试验，到香港各区寿司店购买三文鱼寿司进行化验，结果发现所购买的寿司中的三文鱼汞含量最少超标一倍，最多超标三倍。

三文鱼具有补虚劳、健脾胃、暖胃和中的功能；也可治疗消瘦、水肿、消化不良等症，是老幼皆宜的保健食品。

三文鱼是世界上著名的淡水鱼类之一，其主要分布在太平洋北部及欧洲、亚洲、美洲的北部地区。由于三文鱼的营养价值极高，所以才会大量捕食，导致三文鱼数量迅速大减。

## ◎三文鱼一生

三文鱼的一生是令人惊叹的，从鱼卵开始——每条雌鱼能够产下约有 4000 个左右的鱼卵，并想方设法把鱼卵藏在卵石底下，但大量的鱼卵还是会被其他鱼类和鸟类当作美味吃掉，然而那些幸存下来的鱼卵就会在石头过冬，慢慢发育长成幼鱼。春天来临时，幼鱼顺流而下，进入淡水湖中，它们将在湖中度过

※ 三文鱼

一年左右的时光，然后再顺流而下进入大海，在湖中它们尽管东躲西藏，但大多数幼鱼依然逃不过被捕食的命运，每四条进入湖中的鱼就有三条可能会被吃掉，只有一条能顺利进入大海。危险并没有停止，进入广袤的大海，也就进入了更加危险的区域。在无边无际的北太平洋中，它们一边努力成长，一边面对鲸、海豹和其他鱼类的进攻；同时还有更加具有危险性的大量捕鱼船威胁着它们的生命。整整四年，它们经历无数艰险，才能长成大约 3 千克左右的成熟三文鱼。

成熟之后，一种内在的召唤使得它们开始了回家的旅程。十月初，所有成熟的三文鱼在佛雷瑟河口集结，浩浩荡荡向着它们的出生地游去。自河口开始，它们就不吃任何东西，全力赶路，逆流而上，将消耗掉它们几乎所有的能量和体力。它们要不断从水面上跃起以闯过一个个急流和险滩，有些鱼跃到了岸上，变成了其他动物的美食，有些鱼在快到目的地之前竭力而亡，然而和它们一起死去的还有它们肚子里的几千个鱼卵。最初雌鱼产下的每 4000 个鱼卵中，只有两个能够活下来长大并最终回到产卵地。到达产卵地后，它们不顾休息开始成双成对地挖坑产卵受精。在产卵受精完毕后，三文鱼就会精疲力竭双双死去，从而结束了只为繁殖下一代而进行的死亡之旅。冬天来临，白雪覆盖了大地，整个世界一片静谧，在寂静的河水下面，新的生命又开始了重复的成长。

三文鱼的一生，充满危险和悲壮，它们克服种种困难，躲避无数危险，在生命的最后时刻，逆水搏击，回游产卵，为自己的生命画上了句号。也许这样做是遗传和基因的关系，并不是一种自觉的精神意识。

| 拓展思考 |

1. 三文鱼的营养价值很高，有没有弊端存在？
2. 使三文鱼大量减少的原因有哪些？

濒临灭绝的动物

# 五颜六色的石斑鱼

*Wu Yan Liu Se De Shi Ban Yu*

石斑鱼全身没有鳞片，鲜红色的尾与外皮上都会点缀着石斑一样的条纹以及斑点，所以人们都习惯称它为石斑鱼。石斑鱼种类比较多，其中有豹星斑鱼、青斑鱼和东星斑鱼等等。它的肉味鲜美，肉质厚实，有点像鸡肉，所以又有"海鸡鱼"之称。石斑鱼肉中的蛋白质含量高于一般鱼类，除了含人体所必需的各种氨基酸外，还含有无机盐、铁、钙、磷以及维生素等人体必需的营养物质，一举成为经济价值很高的鱼类，宴席上的佳肴，是畅销港澳台的名贵海鲜食品。由于经济价值较高而过渡捕捞，导致石斑鱼其中 29 种已经遭到灭绝。

※ 豹星斑鱼

※ 青石斑鱼

▶ 知识链接

　　虾青素是 1938 年从龙虾中第一次被分离出来的一种超强的天然胞外抗氧化剂，也是唯一能达到延缓器官以及人体组织衰老功能的抗氧化剂。由于石斑鱼经常捕食鱼、虾、蟹，就会同时摄取虾、蟹所富含的虾青素，对人类来说，石斑鱼就成为含虾青素的食物。另外，石斑鱼还具有健脾、益气的药用价值。

## ◎东星斑鱼

东星斑鱼的色泽有蓝色、红色、褐色以及黄色等，体形比一般斑鱼瘦长，头部相对来说比较细小；蓝色的眼睛中有乌黑的瞳仁，身上布满白色的幼细花点，就像是天上的星星，因而称为"星斑"，又由于它产自中国东部的东沙群岛，所以才会得来此名。东星斑鱼颜色鲜艳，

※ 东星斑鱼

很适合与凶猛鱼混养。石斑是很凶猛的掠食鱼类，会吞掉任何它能吞掉的鱼。也会吃掉观赏用的虾及其他甲壳类动物。主要食物包括各种海鱼、鱿鱼、贝类及虾。东星斑鱼需要活的食以及足够的营养才会保持它的色彩。

自东星斑被列为受保护的鱼类后，政府已经严令禁止人们捕捉这种的鱼了，因此东星斑鱼已经成为稀有品种的鱼类。

| 拓展思考 |

1. 你知道石斑鱼有哪些种类也是濒危鱼类？
2. 你知道石斑鱼还有哪些种类？

濒临灭绝的动物

# 鸭绿江原种面条鱼

*Ya Lu Jiang Yuan Zhong Mian Tiao Yu*

原种鸭绿江面条鱼是在江海之间洄游繁殖的鱼种，又称为小白鱼、银鱼，全身晶莹剔透。鸭绿江面条鱼的身体细长、头扁平、嘴大，由于它没有骨和皮，并且它的增长速度缓慢。从前人们无粮可食，就将此鱼捕回去后用锅来煮与面条一般，因而得以此名。鸭绿江面条鱼做熟后鲜嫩异常、清香溢口，不但它的口感好，并且营养价值非常高，被称为丹东的一道特色。

※ 面条鱼

▶知识链接

上个世纪五六十年代的时候，鸭绿江面条鱼最高年产量可达到 600 吨。目前，鸭绿江原种面条鱼产量在逐年减少，现在只能达到年产量 3～5 吨，鸭绿江原种面条鱼已在濒临灭绝的边缘。

## ◎濒危的面条鱼

目前随着经济的发展以及人口的增加，各种不利因素对生态环境的破坏逐渐加重。太平湾水电站拦坝截流，从而使原种面条鱼的繁殖洄游通路受到阻碍。鸭绿江沿岸城市污水的排放，化肥、农药的使用，船舶、矿山等有害物质的释放等，都使鸭绿江的渔业资源面临考验。曾经被当地人称为

※ 鸭绿江原种面条鱼

"最不值钱的鱼种"。但由于其味道鲜美导致了人们对面条鱼的滥捕滥捞，加上人们对环境的保护意识不够，到上世纪八九十年代时，这种鱼已经濒临灭绝。鸭绿江面条鱼在种种不利因素的"合击"下，一度濒临灭绝。

## ◎关于银鱼——面条鱼的传说

※ 鸭绿江面条鱼

传说，当年孟姜女的丈夫万杞良被秦始皇征为民夫，去修筑长城。春去冬来，寒暑更替，桃花落了又开，湖水涨了又枯，孟姜女望眼欲穿，仍不见丈夫归来。又是一个朔风凛冽的寒冬降临了，孟姜女打点好缝制的棉衣，准备去探望自己的丈夫，正好遇上秦始皇南巡来到太湖。孟姜女跪在皇上的坐骑之下，恳求开恩，赦回万杞良。秦始皇铁石心肠，没有一丝怜悯之心，说她丈夫早就死了，命令士兵轰走这个拦道的乡姑野女。当孟姜女被官兵强行拖走时，秦始皇突然一惊，民间竟有如此美貌女子，顿时生了歹念，吩咐州官把她送进宫去，要孟姜女答应做他的嫔妃。孟姜女至死不从，但是身陷虎穴，难以解脱，于是心生一计，向秦始皇提出：要我入宫不难，只要皇上亲临我江南家乡，在我背回去的丈夫骸骨面前，御驾亲祭，百官吊奠，了却我与丈夫万杞良的夫妻之情后，才能答应。秦始皇满口答应，立刻传旨照办。

到了御祭这一天，万杞良坟周围人头济济，站满了文武大臣和地方官员。坟前，三牲祭品，摆满了四张桌子。等到快要中午的时候，秦始皇亲自点烛焚香，执壶献酒，御祭起来。孟姜女素衣素裙，浑身雪白如银，在坟旁哀哀恸哭，方圆几十里内人人闻声落泪，百姓们都在咒骂无道昏君。

大约一个多时辰，御祭快要结束了，站在坟前吊奠的文武百官，叩头的叩头，作揖的作揖。这时，孟姜女已哭得死去活来，天昏地暗！此时，州官催她上船。孟姜女挣脱了强人之手，纵身跳进了奔腾咆哮的湖水。

秦始皇意识到中了孟姜女的计，大发雷霆，命令船夫赶快打捞。就在这个时候，孟姜女身上的白衣、白带、白绫化成千千万万条银鱼，游向了五湖……这便是关于面条鱼的一个传说。

---

**拓展思考**

1. 鸭绿江原种面条鱼是否有刺？
2. 面条鱼有哪些价值？

# 即

## 将消失的爬行动物

第三章

JIJIANGXIAOSHIDEPAXINGDONGWU

　　爬行动物是第一批真正摆脱对水的依赖且适应陆地的脊椎动物，还可以适应各种不同的陆地生活环境。爬行动物的分布受温度影响较大而受湿度影响较小，现存的爬行动物大多数居住在热带、亚热带地区，在温带和寒带地区却非常少，只有少数种类可到达北极圈附近或分布于高山上，在热带地区种类的分布十分丰富。由于一些物种有较高的利用价值，从而使之处于濒危的边缘。

# 奇特的动物——鳄蜥

Qi Te De Dong Wu —— E Xi

**鳄**蜥身体类似蜥蜴，身体呈圆柱形，尾的侧面为扁，类似鳄，故名"鳄蜥"。吻低钝，头高略呈方形，两侧有着较为明显的棱，一直延伸到尾部。体表粗糙，背面为深棕色，体侧为土棕色，杂有黑纹。腹面为浅黄色并且有短黑斑纹。尾部有黑与棕色相间的横纹。四肢短小，指、趾端具尖锐而弯曲的爪。

### ▶ 知识链接

鳄蜥为我国珍稀的一级保护动物，列入 CITES 公约附录 Ⅱ，此物种是应该受到保护的种类。它是第四纪冰川后期残留在我国华南地区的种类，属于原始古老的蜥蜴类。

## ◎鳄蜥的简介及习性

鳄蜥为蜥蜴目鳄蜥科鳄蜥属仅有的一种，又被称为懒蛇、大睡蛇。中国广西瑶山等地仅有少量的分部。头体长 150 毫米左右，尾长 200 毫米以上；头大而高，略似立方锥形的状态，吻部比较尖细，末端圆钝；耳孔不显，顶眼明显，枕部有横沟，身躯非常壮实；背部覆盖着颗粒状小鳞，中间又夹杂着起棱大鳞，体侧则最为显著。

※ 鳄蜥

与尾背上方的鳞连接，形成两行醒目的棱嵴；腹面有比较大的鳞片，类似于矩形且比较平滑；尾侧扁长而有力，接着尾背又形成了双行棱嵴。四肢比较发达，但是比较短，然而它的爪非常尖锐；背面暗褐色，起棱大鳞色特别深；头侧和体侧为土黄色或土红色，并且掺杂着黑纹；眼周有几条辐射黑纹，眼下方的较粗，一直延到下颌。腹部的皮肤为浅黄色，有黑色短纹；四肢和尾背为暗褐色。

鳄蜥生活在山间溪流的积水坑中，通常在早晨与晚间活动，白天在细枝上熟睡，受惊后就会迅速跃入水中。每年 6～8 月为繁殖期，鳄蜥属于卵胎生，11 月至次年 3 月冬眠。食物以昆虫为主，也吃蝌蚪、蛙、小鱼、蠕虫等。

瑶山鳄蜥是我国的特产，在分类上为独科、独属、独种，除具有一般蜥蜴的特征外，还有一些原始性，比如头骨为古腭形、具顶眼孔等，具有很重要的科学研究价值，需加强保护。

**| 拓展思考 |**

1. 鳄蜥与蜥蜴有何不同之处？
2. 鳄蜥有哪些科研价值？

# 最大的蜥蜴——巨蜥

*Zui Da De Xi Yi —— Ju Xi*

巨蜥是我国蜥蜴类中体形最大的一种，也是世界上较大的蜥蜴类之一。头部窄并且较长，吻部也比较长，鼻孔近吻端，舌很长，前端且有分叉，可缩到舌鞘内。全身都有布满了较小而突起的圆粒状的鳞片，成体背面鳞片为黑色，部分鳞片掺杂着淡黄色的斑，腹面为淡黄或灰白色，散有少数黑点，鳞片为长方形，以横方向排列着。幼体背面为黑色，腹面为黄白色，两侧有黑白相间的环纹。尾部则为黑黄相间的环纹，并且黑色环纹上常有小黄斑；巨蜥的四肢强壮，趾上有锐爪；其背面有小黄斑，因此，巨蜥又被称为"五爪金龙"。

> **知识链接**
>
> 1989 年已被列入中国《国家重点保护野生动物名录》，定为一级保护动物，同时被列入《濒危野生动植物种国际贸易公约》。目前，在中国不仅建立了巨蜥保护区，同时还鼓励人工饲养繁殖，以此来拯救数目稀少的巨蜥。

## ◎巨蜥的生活习性

巨蜥是以陆地生活为主，喜欢栖息在山区的溪流一带地区或沿海的河口、山塘、水库等地区。白天夜间都会外出活动，但是通常清晨和傍晚活动最为频繁。虽然身躯较大，但行动却很灵活，不仅善于在水中游泳，也能攀爬在矮树上。巨蜥的食物可以根据不同环境下的食物从中选择，并且能在水中捕食鱼类，有时也会爬到树上寻找食物，此外也吃蛙、蛇、鸟、各种动物的卵、鼠以及昆虫等。巨蜥生性好斗，相当凶猛，遇到敌人或危险的时候，

※ 巨蜥

常以强有力的尾巴为武器抽打攻击对方。巨蜥在遇到敌害时有许多不同的表现，比如立刻爬到树上，用爪子抓树，发出噪声恐吓对方；一边鼓起脖子，使身体变粗壮，一边发出嘶嘶的声音，吐出长长的舌头，吓唬对方；并且还会把吞吃不久的食物喷射出来引诱对方，巨蜥就会乘机逃走等等。

通常将身体向后，面对着敌人，摆出一副格斗的架势，用尖锐的牙和爪进行攻击，在相持一段时间后，就慢慢地靠近对方，把身体抬起，出其不意地甩出那长而有力的尾巴，似一根钢鞭向对方抽打过去，使对方惊慌失措并且狼狈逃窜，甚至有些弱势动物会因此而丧生于巨蜥的尾下。

因巨蜥原有数量不多，有很高的经济价值，导致当地群众对其随意捕捉，更使原本数量就少的巨蜥已经到了灭绝的边缘。

## ◎关于巨蜥的传说

从前，有一户贫苦山民，靠种菠萝为生。父亲对儿子莫罕说，祖上赶过马帮，到北方贩卖杂货。一次返程的时候，因为马背两边的分量不均，老祖爷就随手捡了一块石头，压在驮篓的一边。回来后，有人识货，说那石头是一块翡翠，并且还卖了个好价钱，祖爷才娶了祖奶，这才有了咱们这一支人。

※ 爬行的巨蜥

莫罕说："我要到北方去寻翡翠。"

老父说："多少人都去找过翡翠，空手而归算好的，数不清的人死在路上。"莫罕说："找不到翡翠，我不回来见您。"

莫罕攀过无数大山，趟过无数红水河，终于找到了一座山。山主说："山洞里可能藏有翡翠。你给我挖矿石，干得好，年底我付给你一块矿石做工钱。"

莫罕说："矿石就是翡翠吗？"

山主说："小伙子，那就看你的运气了。矿石被一层砂皮包着，谁也不知道里面藏的是什么。挖翡翠是要拿运气去赌的，不干，就滚下山吧。"莫罕留下来了。矿洞窄得像个蛇窟，挖矿非常的艰辛危险。到了年底，山主说："我说话算话，你拣一块矿石吧。"莫罕挑了一块鹅蛋大小的矿石。

他本想拿着矿石准备回家，但若是万里迢迢赶回去，把矿石一打开，里面是普通的石头，老父该多失望啊！这么一想，他就留了下来，一年后他又得到了一块矿石。

矿石中含有翡翠的机会，也许只有万分之一。莫罕为了多一点获得翡翠的机会，埋头苦干了十六年。他决定要回家了，矿石装进麻袋，沉甸甸的如同金子。

山主说："你这样走远路，太不方便了吧？我帮你把矿石解开，是石头，你就扔掉；是翡翠，你就拿走。"莫罕答应了。

山主将矿石一块块解开。第一块是石头，第二块是石头，第三块还是石头……一连解了14块，满地碎石。

山主说："你手气太糟了。最后这两块矿石，算你卖给我好了。一块石头的钱，够你路上的盘缠；还有一块石头的钱，够你回家盖一间草房。"

莫罕说："老爷，谢谢你的好意。但是，我只卖一块矿石，剩下的那一块，我要带回家，让我的老父看一看。"

山主给了莫罕一块石头的钱，然后把莫罕退还他的那块矿石解开。随着工具的响声和砂皮的脱落，一块蓝绿如潭水的蛋型翡翠呈现在大伙面前。

莫罕在众人的惊叹和惋惜声中，头也不回地上了路。集市上，他看到一条巨大的蜥蜴，被人耍着叫卖。他问："为什么不放它回竹林？"

那人说："你买了，就能把它放回竹林；如果你不愿放走它，也可以用它的肉熬汤。"

莫罕看到绿色的蜥蜴眼里含着哀怨的神色，心生怜悯，最后把自己仅有的盘缠都掏出来，买下了巨蜥。到了竹林，他把巨蜥放生了，自己吃野果回家。没想到巨蜥不肯远离，总是相伴在他身边，夜里绕他而眠，保护着他不受猛兽的袭扰。巨蜥看起来笨重，其实在丛林和山地爬行得很快，简直是"草上飞"。

莫罕回到家，父亲已经垂垂老矣。莫罕说："爸爸，我带来一块可能是翡翠的石头，和当年我们老祖爷带回的一样。明天，我们当着乡亲们把它解开吧，如果是翡翠，全村的人都有一份。"

父亲摸着矿石说："孩子，不说别的，你回来了，这比什么翡翠都好啊！"

第二天，乡亲们预备了象脚鼓，一旦翡翠现身，我们就敲鼓庆贺。没想到，万事俱备，矿石却突然找不到了，于是有人说："什么矿石啊，出外鬼混了十几年，做梦的吧！"老父不停地解释："我看到了那块石头。"可是没人信他的话。莫罕想了很久，好像找到了答案，可是他什么也不说。

由于长年劳苦跋涉，莫罕生病了，他为了弥补自己不在家时对老父的歉疚，努力加倍地干活。然而他的病也越来越重了，有人说，把巨蜥杀了熬汤吧，大补元气。莫罕说什么也不肯。

莫罕临死时对老父说："求您一定善待巨蜥。假如它不肯走，那就等它寿终，才可把它剖开，把它埋在我的身边。"

莫罕死后，巨蜥不吃不喝，守候在莫罕的坟墓旁，几年以后，干瘦得如同一卷枯柴，在一个夜晚悄然死去了。

老父把巨蜥剖开，在它的肚腹里，看到了一块硕大的翡翠。由于体液的腐蚀，矿石砂皮已完全剥落，露出了晶莹无瑕的质地；肠胃的蠕动，把翡翠切割成了菩提叶子的吉祥形状；巨蜥最后绝食绝水，巨蜥已经干枯的内脏紧紧包裹着翡翠，镌刻下精巧的纹路、就像是菩提的叶脉。

后来，国王得知了这件奇事，给了这里的人很多粮食和布匹，换走了莫罕老父的珍宝。

从此，寨子里的人都迁到城里去了，只有一个孤独的老人，陪伴着一座大的坟墓和一座小的坟墓，在菠萝地里永久地守望着……

---

| 拓展思考 |

1. 巨蜥与鳄蜥有什么不同？
2. 巨蜥有哪些价值？

# 中华龙——扬子鳄

*Zhong Hua Long —— Yang Zi E*

※ 扬子鳄

扬子鳄被称为"中华龙"，俗称"土龙""猪婆龙"，是我国的特产爬行动物。扬子鳄是一种古老的爬行动物，现在存活的数量非常少，几乎濒临灭绝。在古老的中生代，它和恐龙一样，曾经称霸于地球。后来，随着环境的变化，恐龙等许多的爬行动物都已经灭绝了，然而扬子鳄和其他爬行动物却一直繁衍生存到现代。扬子鳄分为头、颈、躯干、四肢以及尾；全身皮肤革制化，覆盖着革制甲片，腹部的甲片比较高。背部呈暗褐色或墨黄色，腹部为灰色，尾部长并且为侧扁，有灰黑色或灰黄色相间的手术纹。又粗又短的四条腿，支撑着笨重的身体，暗褐色的背上覆盖着角质的鳞片，嘴巴十分大，尖尖的牙齿，样子看似又凶又笨。扬子鳄还长着一条粗硬的尾巴，这是它捕捉动物的武器。扬子鳄善于游泳并且栖息于水中，筑巢在河湖浅滩、植物葱郁的草丛中。主要吃螺、蛙、虾、蟹、鱼及鼠、鸟等，遇上较大猎物，会以粗硬的尾巴抽打攻击。

▶ 知识链接

由于长江下游湿地遭到严重破坏，河湖被围成农田，造成扬子鳄的野生数量极其稀少，但是人工繁殖却相当成功。国际自然保护联盟 IUCN 红皮书把扬子鳄定为"极危级"，在我国把扬子鳄定为国家一级保护动物。

## ◎扬子鳄的生存环境

扬子鳄在陆地上遇到敌害或者是猎捕食物时，能够纵跳起来抓捕，跳纵捕捉不到的时候，它那巨大的尾巴还可以强力地横扫。遗憾的是，扬子鳄虽长有看似尖锐锋利的牙齿，可却是槽生齿，这种牙齿不能撕咬和咀嚼食物，只能像钳子一样把食物"夹住"然后囫囵吞咬下去。所以当扬子鳄捕捉到更大的陆生动物时，不能把它们咬死，而是把它们拖入水中淹死；相反，当扬子鳄捕到较大水生动物时，又把它们抛上陆地，从而使猎物们缺氧而死。

※ 扬子鳄

扬子鳄多年来遭到大量的捕杀，洞穴经常被人为破坏，蛋也被捣坏或者被掏走。然而化肥农药的使用也大大减少了扬子鳄的主要食物以及水生动物的数量。由于人类繁衍和大量湿地被耕种，导致扬子鳄栖息的环境逐渐恶化，并且此种类的自然种群数量也日趋减少。

扬子鳄是中国特有的一种鳄鱼，主要分布在长江中下游地区。它既最为古老的，又是现在生存数量非常稀少、世界上濒临灭绝的爬行动物之一。它主要分布在中国安徽、浙江、江西局部地区等长江中下游地区。然而，安徽宣城建有世界上唯一的扬子鳄保护区——宣城扬子鳄国家级自然保护区。因此，野生的扬子鳄主要生活在安徽宣城地区以及芜湖县地区。

---

**拓展思考**

1. 扬子鳄和鳄鱼有哪些不同？
2. 扬子鳄有哪些价值？

# 海龟科——玳瑁

*Hai Gui Ke —— Dai Mao*

玳瑁还是一种有机宝石，特别是玳瑁的背甲，为非晶质体，呈微透明至半透明，具蜡质或油脂光泽。玳瑁可用于制作戒指、手镯、簪（钗）、梳子、扇子、盒子、眼镜框、乐器小零件、精密仪器的梳齿以及刮痧板等器物，并且古筝与古代朝鲜琵琶的拨子也是由玳瑁制作的，同时它还是螺钿片的材料之一，具有独特的神韵与光彩。

## ◎玳瑁的特征及习性

玳瑁与其他海龟一样，具有典型的海龟特征，都有扁平的躯体、保护性的背甲以及适于划水的桨状鳍足。一般雌性成龟体长为 60～80 厘米，雄性体长相当，体型较大者可达 1 米，而体型最大者甚至可以达到 170 厘米。平均体重一般可达 40～80 千克左右，历史上曾经捕获的最重的玳瑁达到 210 千克。玳瑁最明显的特点是它上颚钩曲尖锐就像鹰喙一样，这也是玳瑁的俗名之一"鹰嘴海龟"得名的原因。玳瑁的头较长，前额具有两对深红棕色或黑色鳞甲，鼻孔离嘴比较近，吻侧内收扁平，前鳍足端均有两爪，后鳍足端各有一爪，前足大，比较窄长，后足小，相对比较宽短，游泳时的姿势与飞鸟一样优雅。

玳瑁背甲的盾板非常厚，除了非常老的玳瑁外部体形后部缘盾都是锯齿的形状。其背甲平滑亮泽，年轻时腹甲为心的形状，成熟后则变为狭长状，脊棱比较明显，幼龟背具有三纵棱，一般为琥珀色，并且有着不规则的深浅不一的云状条纹，大多数条纹都为淡黄色或棕黑色，并从背甲的中部向边缘辐射。玳瑁的另一个特点就是其独特的背甲，五片椎盾和四对肋盾排列紧密如覆瓦，不过老年玳瑁的盾片排列比较疏且平置。

玳瑁通常都是在海深 18 米以上的水域中活动，然而它的一生中会在几个环境完全不同的栖息地生活。成年玳瑁主要是在热带珊瑚礁中活动，白天时它们会在珊瑚礁中的许多洞穴以及深谷中活动比较频繁，而珊瑚礁中的许多洞穴和深谷都给它提供了方便休息的地方。作为一种常常洄游迁徙的海龟，它们的栖息是多样性的，包括广阔的海洋、礁湖甚至是入海口处的红树林沼泽。到目前为止，人们对处于生命早期阶段的幼年玳瑁所偏

濒临灭绝的动物

好的栖息地的了解是非常少的，但是人们推测玳瑁像其他幼年海龟一样在大海中过着浮游生物般的生活，直到成年时才会离开它们的家。

玳瑁喜欢在珊瑚礁、大陆架或是长满褐藻的浅滩中觅食。虽然玳瑁属于杂食性的动物，它们最主要的食物仍然是海绵。海绵占据了加勒比玳瑁种群膳食总量的 70％～95％ 左右。不过像其

※ 玳瑁海龟

他以海绵为食的动物一样，玳瑁只会吃几个特定的海绵种类，除此之外，其他的海绵不会成为它们要寻找的食物。玳瑁的食物还包括海藻以及水母与海葵等刺胞动物，另外，玳瑁还会捕食极为危险的水螅纲动物。

**知识链接**

由于玳瑁有极其坚实的甲壳，在它们的世界里几乎没有什么主要的天敌，因为很少有动物能咬穿它们的壳。鲨鱼和湾鳄算是玳瑁的天敌，章鱼和某些海洋表层鱼类也会捕食成年玳瑁，然而由于玳瑁经常吃一些海绵，身上会带有某些海绵难闻的味道，而且由于玳瑁取食有毒的海绵和刺胞动物，其肉中还会含有毒性。因此，有时可以让某些天敌或者人类望而却步。

玳瑁在身体构造与生态习性上有着一些独一无二的特征，这些特征中包括了玳瑁是已知唯一主要以海绵为食的一种爬行动物。正由于玳瑁过于独特，其进化地位有些不明确。分子分析支持了玳瑁是从肉食祖先并不是草食祖先进化而来的观点，因此玳瑁很可能是由肉食性物种逐渐进化而来的，而不是草食性物种。

## ◎玳瑁的分布及价值

据推测，玳瑁稚龟进入海洋后，会像其他幼龟一样在未来的生活阶段内过着浮游生物般的生活，而这个阶段所需的时间还没有得到确认。虽然玳瑁的生长率都还不是非常明确，但已知当幼年玳瑁长到大概 35 厘米长时，它们就慢慢会结束海上浮游的生活方式，然后固定在一个生长有珊瑚礁的近海岸生活。玳瑁与其他海龟一样，在它们生命的大部分时光里，总是会单独在海中不停地飘荡，只有在交配的时候，它们才会成群或成对相

聚在一起。

在印度洋中，玳瑁是非洲大陆东海岸、马达加斯加以及附近岛群周围水域的一种比较常见的海龟；玳瑁在印度洋中的分布区一直延伸到亚洲沿岸，包括波斯湾和红海、印度次大陆的整个海岸线沿岩、印度尼西亚群岛以及澳大利亚西北海岸。然而玳瑁在太平洋中的分布区基本上局限在热带与亚热带海区，分布区最北界为朝鲜半岛以及日本列岛西南部地区的水域；分布区还包括整个东南亚地区、澳大利亚北海岸，再向南就到达了分布区最南界——新西兰北部的海岸。玳瑁的分布区横贯太平洋到达太平洋东侧，包括了北界墨西哥下加利福尼亚半岛和南界智利北端之间的中美以及南美沿海地区。不过目前墨西哥太平洋海岸的玳瑁已经十分稀少了。

玳瑁鳞片花纹晶莹剔透，高贵典雅，是万年不朽以及装饰收藏的极品。玳瑁有剧毒不能食用，但能做药用，其主要功能为清热解毒可与犀角相比，是名贵的中药，有着清热、解毒镇惊，降压的神奇效果。玳瑁作饰品的原料取自它背部的鳞甲，成年玳瑁的甲壳为鲜艳的黄褐色。此类饰品容易被蛀，清代晚期以前制作的玳瑁器至今已很难见到。而目前的玳瑁属珍稀保护动物，严禁人们捕猎。

## ◎一只玳瑁海龟的故事

威差 12 岁的时候就已经可以单独出海打鱼了。一次，海面上一只背甲有着奇异的淡黄色花纹的海龟吸引了威差的目光。它不像其他海龟那样背甲是整体的，而是分成了若干块。它正被一只大型的水母纠缠着，近似透明的水母在海水里的拉力很大，尽管玳瑁海龟拼命挣扎，但仍是白费力气。

威差马上抛出了渔船上的网，把水母和海龟一起捞上船来。从小在海边长大的威差知道，水母大多是身上有着剧毒的，但离水后在太阳下晒一会儿就会脱水而死。威差用刀切开水母干瘪的触手，被威差救出的海龟似乎知道是威差向自己伸出了援助的手，它慢慢地把缩回壳里的头伸出来，一动不动地盯着威差。威差把手轻轻放在它的头上，抚摸着它那冰凉的皮肤，然而它表现出的样子似乎很享受。

这只海龟就是班吉。在威差的照顾下，它成长得非常之快。怪异的是，每次威差出海的时候，它都会跟在船后，似乎从来没有想过离开威差而回到大海的怀抱。

岛上的老人说，海龟是有灵性的，它这是在报恩。

果然，在威差 16 的岁那年，班吉救了他的性命。那次威差与几个伙

濒临灭绝的动物

伴们一同驾驶着渔船，想到深海去取得更多的收获。谁也没想到，这次遇到了麻烦。小渔网被大力拉向海底，威差推测有大鱼入网，于是他拿着刀子，跳入海水，想保护自己的劳动成果。船上的伙伴们忽然惊叫起来，原来那鱼已经破了网，三角形的背鳍露在海面上，根据水下的黑影来看，是条2米左右的食人鲨。

威差马上扭转方向，向船的方向游去，忽然，他感到脚踝一阵剧痛，鲨鱼就像刀子一样锋利的牙齿刺入了他的皮肉，海面上顿时暗红一片。一股强大吸力拖拉着威差向海水深处游去。他心里一惊：如果不能尽快回到船上，那么闻到血腥味道的大量鲨鱼会蜂拥而来。筋疲力尽的威差被海水连连呛了几口，他知道一切都完了，当他感到已经绝望的时候，忽然鲨鱼松开了咬住威差的嘴，回身向自己的尾巴咬去。原来班吉咬住了鲨鱼的尾巴。趁这个机会，威差猛地浮出了水面，快速地回到了船上。

海面上，鲨鱼翻腾的浪花胡乱飞溅。班吉死死地咬住了鲨鱼的尾巴，向下坠着，它的头依靠着背甲的保护，让鲨鱼无计可施。伙伴们开着船，飞快地离开了这个危险的区域。直到回到了岛上，威差仍然惦记着班吉。虽然海龟有背甲保护，可一不小心，很可能会出危险。一直到傍晚，威差才看到班吉笨拙的身影向着家门缓慢地爬了回来。他不顾自己的双腿，踉踉跄跄地跑过去，轻轻地抚摸着班吉的头。

不过，这和谐美好的一切，在半年前改变了。自从知道了班吉的背甲是珍贵的玳瑁后，威差就在计划着把班吉卖出换些钱，从而进入普吉岛的旅游部门工作。另外，这也是女友班娜对他的要求。

威差翻来覆去思考了一个晚上，最终他来到了岛上的工艺品商店。当店主听说他有只活的玳瑁时，马上表示愿意收购。他告诉威差，活着的玳瑁背甲现场加工成工艺品，是最值钱的！一来很稀少，二来代表着买到工艺品的人会像龟一样健康长寿。店主高兴地叫来玳瑁工艺品制作师，当场做一枚工艺品来吸引顾客。威差好奇地在旁边观看着，那些工艺师傅把班吉提出来，用绳子绑住，然后拿来钳子和刀，慢慢地顺着背甲的缝隙把刀伸进去，划开个口子，等到那片要取的背甲活动后，然后再用钳子硬生生地把背甲拔出来。

班吉痛苦地把身体全部缩在背甲当中，那片被拔出的背甲带着血，在阳光下闪烁着耀眼的光芒。威差被这一切惊呆了，他看着班吉无助的眼神，冲动地想过去把班吉带走，可是摸摸口袋里的钱，想想对女友的承诺，最后他还是离开了。半年以来，工作和新婚让得意的威差几乎把班吉遗忘。但他做梦也没想到，班吉会再次自己爬回家来。不过它的背甲，已经被工艺品店主拔去了五块。

濒临灭绝的动物

威差打开门，把班吉带回了家里。他脑子里忽然冒出了一个想法：班吉可是一笔财富啊，如果自己再找家商店把它卖上一次，肯定会有更大的收益。

一整夜威差都处于兴奋中，天刚微微亮他就开着车子，把班吉带到了另外一家工艺品商店。谈妥了价格，威差拿到了比预期数额更高的支票。在送出班吉时，班吉忽然脖子一伸，在威差的手臂上狠狠地咬了一口，鲜血马上就流了出来。威差诧异又恼火地看着班吉，狠狠地一拳打在班吉的背甲上。

2004 年 12 月 24 日下午，威差带一个考察团出海。忽然，百年不遇的飓风和海啸汹涌地吞噬了岛上的一切。

威差被凶猛的海浪卷入了海里，虽然他水性不错，但是巨大的浪花压得他难以抬起头来，迷糊中，威差感到一切全完了……忽然间，他隐约感觉到一股力量拖着自己的裤脚向着岸边奋力拉去，然后意识里一片空白。

醒来的时候，威差已在医院，被海啸袭击过的普吉岛惨不忍睹，有上千名的游客和当地的居民被无情冰冷的海水吞没。医生对威差说："算你幸运，竟然有只大海龟拼死把你从海水里拉到了岸上，你才得救。"威差似乎想到什么，失声问道："那只海龟呢?"班吉已经没有了前几年的神奇和美丽，它看上去很低沉，生命之火似乎随时都会熄灭。威差的眼扫过班吉，那曾经美丽的背上只剩下颈部后面三片大大的背甲，其余的部分都是累累的伤痕。它是趁海啸冲毁了商店的水池所以才跑出来的。它身上都是威差为了一己之私而带给它的伤害。他曾经救过它，它也从鲨鱼口中救过他。可是，他却为了利益，两次把它出卖，来换取自己的舒适生活。一只玳瑁海龟也许不懂得什么叫做以德报怨，但是它做的却让人类汗颜。

2004 年，一只玳瑁海龟的故事感动了整个被海啸肆虐的东南亚地区。班吉被威差带回家，精心饲养起来。玳瑁海龟的故事和它本身也成了许多人到普吉岛必看的项目之一。它用自己的行动，给成千上万的人上了一课。

---

**| 拓展思考 |**

1. 玳瑁海龟与普通海龟怎么区分?

2. 玳瑁海龟有哪些价值?

# 与鳖相似的山瑞

*Yu Bie Xiang Si De Shan Rui*

山瑞的外形与鳖非常相似，主要区别是在颈基部两侧及背甲前缘有粗大疣粒。背盘为椭圆的形状，背、腹甲骨板并不发达，表面被一层柔软的革质皮肤所覆盖，周边有较厚的裙边。头部前端突出，形成吻突，前端有鼻孔，眼小并且瞳孔较圆；山瑞的颈比较长，四肢扁平，全都具有五个指和趾，内侧为三趾具有爪，指、趾间蹼比较发达。只有它的头、颈可缩入壳内。山瑞的头大鼻尖、眼睛圆并且小，背部有明显突出的疣团。背甲为深绿色，有黑色斑纹，

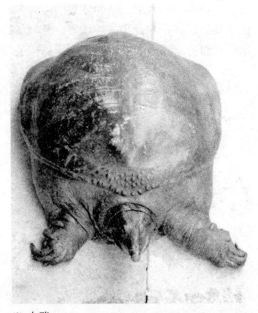

※ 山瑞

前方有一隆起的骨骼。头可缩入甲内，指间具有蹼。雌性尾巴较短，不露出裙外，雄性则相反。

▶ 知识链接

　　山瑞在春季和夏季交配繁殖。繁殖的时候，雌性会先在沙滩或泥地上挖一个坑。然后再把卵产在坑里，产卵完毕后就会用沙土或泥土把卵覆盖起来。它们一般选在向阳之地，每次产卵 10～12 枚，因为这样可以借助阳光的热量来进行孵化。

## ◎生活习性

　　山瑞主要栖息于江河、山涧、湖泊、溪流中。喜静怕惊，喜光怕风，

喜清怕污，喜鲜怕腐。主要以软体动物、甲壳动物、鱼类和蛙类等为食，有时候也会吃动物的尸体和水草等。

山瑞主要分布在我国的广西、广东、云南、贵州、海南等地。在国外，主要分布于越南。现在山瑞的数量已非常稀少，它与普通鳖很容易混淆，误捕误杀比较严重。

山瑞是一种珍贵的经济动物，肉味比较鲜美，营养非常丰富，蛋白质含量比较高，被大家公认为名贵的滋补品。全身各部分都可以入药，具有滋阴清热、平肝益肾和破解软坚以及消淤等功效。据民间说法，其血还能治疗贫血病，肺病、心脏病、气喘、神经衰弱等症状。

| 拓展思考 |

1. 山瑞与鳖有什么不同之处？如何区分？
2. 山瑞的肉是否可以食用？

濒临灭绝的动物

# 四爪陆龟

*Si Zhua Lu Gui*

四爪陆龟的背甲中部略微扁平，看上去它的背甲基本上为圆形。头部与四肢都有黄色四爪陆龟的头比较小，顶部有对称的大鳞；喙缘为锯齿的形状。前肢粗壮而略扁，后肢为圆柱形；共有四个爪，趾间没有蹼；成年龟体色为黄橄榄色或者为草绿色，并且有着不规则黑斑；腹部甲壳大而且比较平缓，并且为黑色，边缘为鲜黄色，并有同心环纹。四肢并且都有四爪，指、趾间没有蹼。前臂与胫部有坚硬大鳞，股后有一丛锥形大鳞。同龄的四爪陆龟，雌龟大于雄龟，雌龟的尾巴比较短，尾根部粗壮，然而雄龟尾巴较细长。四爪陆龟背壳高并且圆，为圆拱形，体长微略大于体宽。成体背甲为黄橄榄色，幼体略为草绿色。背甲由 36 片对称排列的盾片组成，盾片上具有不规则的黑斑，并可清晰地分出一圈圈的环纹。龟壳的花纹美丽，由于花纹构成的保护色，有利于在荒漠草原的环境中隐蔽从而保护四爪陆龟的自身安全。

▶ 知识链接

　　四爪陆龟是中亚地区特有的物种，也是世界上仅存的陆龟之一，它属于国家龟鳖类一级保护动物，在我国仅分布于新疆天山伊犁谷地霍城县境内的狭小区域，四爪陆龟的数量非常有限。

## ◎四爪陆龟的分布及价值

　　四爪陆龟是我国北方唯一的种类，仅仅分布在新疆霍城县境内。在国外，四爪陆龟分布以哈萨克斯坦南部荒漠地区和天山山前地带为最多，印度、巴基斯坦、伊朗也有分布。四爪陆龟为草食性动物，多种植物的茎、叶、花、果实都是它的食物。

　　四爪陆龟有很高的药用价值，肉可食用，冬季有较长的休眠期，因而

※ 四爪陆龟

繁殖期比较长。龟肉鲜嫩香酥，营养丰富，是高蛋白、低脂肪、低热量、低胆固醇食疗的佳品。龟甲也是很名贵的中药材，头、血、脏器等都可入药，具有滋阴补肾、清热除湿、健胃补骨、强壮补虚等功能。对治疗哮喘、气管炎、肿瘤以及多种妇科疾病，其疗效非常显著。龟血能抑制癌细胞，能帮助人们延年益寿，就是因为如此才造成了四爪陆龟数量急剧减少。

## ◎四爪陆龟的濒危因素

它对于自然地理学、动物区系学、生态学、仿生学等学科的科学研究以及教学具有重要的意义，同时也是野生动物基因库中的重要组成部分。

※ 黑白相间的四爪陆龟

最近的几十年来，人口逐渐增多，旱田耕作面积也与日俱增，从而使四爪陆龟的栖息环境逐年减少。加上旱田实行耕种一年，搁荒一年，重新开荒地的习惯，开荒后的草原植物被彻底破坏，导致了四爪陆龟喜食的牧草也不复存在。由于陆龟保护区周围人口密集，人畜活动比较频繁，过度放牧以及捕杀，四爪陆龟的生存环境遭到了严重的破坏，致使四爪陆龟的栖息面积不断缩小。目前，四爪陆龟的分布仅限于其自然保护区内，分布范围约 300 平方公里，数量非常稀少，四爪陆龟已面临着灭绝的危险。

## ◎关于四爪陆龟的真实故事

1995 年 5 月的一天，塔衣尔和衣玛木等人又去野外寻找四爪陆龟。这天中午，当他们经过一条公路时，远远看到两个男孩手里抓着一个乌龟状的物体，放到了公路上车轮要轧过的地方。一辆汽车从远处开过来了，司机并没注意到公路的地面上还有这样的一个物体，于是，汽车的右前轮从那物体上轧了过去，然后右后轮也从它身上轧了过去。等到这辆汽车开过去后，两个男孩奔上前提起物体，嘴里欢叫着："还没死，还没死！"于是，他们又把那物体放到了公路上，让第二辆汽车从它身上轧过。塔衣尔和衣玛木赶过去想弄清楚两个男孩到底在干什么。

走近一看，塔衣尔和衣玛木吓了一大跳——这"物体"竟是一只特大的四爪陆龟！塔衣尔心疼地把这只四爪陆龟抱了起来，此时，它的头、四肢和尾巴都缩到龟壳里去了，任凭塔衣尔抱在怀里，一动也不动。

塔衣尔正想痛骂这两个男孩，忽然感觉到怀里的龟动了起来。他低头一看，雌龟的脚爪慢慢地从龟壳里伸了出来。它的四肢为黄色，十分强壮，趾上没有蹼，每个趾上都长着独特的、有别于其他任何龟类的四个爪。相比于塔衣尔见过的其他的四爪陆龟，这只大雌龟的爪特别长，而且相当锋利。没多久，雌龟的短尾巴也缓缓地从龟壳里伸出来了。又过了一会儿，它那长着锯齿状喙的头部也慢吞吞从龟壳里伸了出来，一双绿豆般的眼睛骨碌碌地看着塔衣尔。

"哎呀，汽车轧过居然都还没有死啊，真是奇龟呀！"大喜过望的塔衣尔跟衣玛木抱着大雌龟回到了保护区，把它放进了饲养区。

这只大雌龟身体真的是没有受到一点的损害，在饲养区里，它很快就变得生龙活虎起来。饲养区里的陆龟们见新来了一个"大家伙"，都想欺负它。两只个头最大的雌龟首先想把大雌龟降服，它们在靠近大雌龟后，一会儿把头缩进龟壳里，一会儿又把头伸出来、把脖子挺得长长的，目的是寻找一个合适的机会去咬住大雌龟的脖子。可是，无论从年龄上还是个头体重上相比，这两只雌龟都比大雌龟小了很多。大雌龟嘴里呼呼吐着气扑向了对方，它挥出前爪用力把这一只雌龟推出了老远，而这只雌龟翻了一个跟斗后龟壳朝下四脚朝天，半天都爬不起来。接着，大雌龟便向另一只雌龟发起了进攻，同时也想一口咬住对方的脖子。这只雌龟害怕了，急忙把脖子和头都缩进龟壳里，就是不伸出来。大雌龟于是改变策略，转而用自己身上的硬齿去撞击这只雌龟。才撞了几次，这只雌龟就被撞得东倒西歪、节节败退。这只雌龟见不是对方的对手，也只能掉头逃跑了。

一年一年过去了，很多雄龟与雌龟都成年了。塔衣尔等人发现，相比于别的动物，陆龟们是多情的，它们最大的乐趣就是"谈情说爱"。对此它们仿佛永远都不知足、不知疲倦。每年的三月中旬，陆龟们经过了几个月的洞内"闭关"休眠之后，都会一个接着一个慢慢爬出来，来到外面的世界，吃草的吃草，晒太阳的晒太阳。未成年的陆龟们很贪玩，会到处爬来爬去，每天至少要爬约为 2 千米，直到黄昏的时候才回洞。而成年雌雄陆龟们则都把大部分心思、精力放在了卿卿我我上。

别看成年雄龟比成年雌龟个头小很多，但是发动爱情攻势的还是雄龟。雄龟们每天一大早出洞后，匆匆忙忙吃过草后，便去寻找心仪的目标，一旦选中了对方，便会毫不迟疑地靠上去求爱。而雌龟们则是相当讲究"情趣"的，即使也看中了对方，它们不会马上接受这份感情，于是便有意无意地在草地上爬爬停停，让雄龟来追赶自己。雄龟为了获得雌龟"芳心"，会不辞辛劳奋力追逐，一旦追上雌龟后，便会堵住雌龟去路，伸长脖子凑上去不停地触碰雌龟的嘴部、面部、脖子，还想方设法让身体的其他部位跟雌龟接触。雌龟这时也会识趣

※ 四爪陆龟

地用肢体跟雄龟交流、亲热一番，然后就又丢下雄龟向前爬走，引得雄龟再次追来。

在饲养区里，塔衣尔及工作人员为了让这里成为龟们的乐园，种下了几千棵柳树和杨树，如今都已长到两三米高。雌龟在经过多次跟雄龟的追逐求爱之后，便会爬到这些树的树荫下面，等待着雄龟的最后冲刺。雄龟很快也爬到了树荫下，它再次伸长头颈，不断地上下点动，不时地用嘴跟雌龟对吻，等到雌龟一动不动的时候，它就会及时绕道来到雌龟的后面，爬上雌龟的背甲，前肢悬空，后肢着地，用自己那细长的尾部抬动雌龟粗短的尾巴，当雌龟后肢略微抬起时，雄龟就会不时地用腹甲后部撞击雌龟，跟雌龟进行交配。通常，交配的时间在 6～10 分钟。然而交配完毕之后，雄龟并不会抛下雌龟离去，而是跟雌龟待在一起，继续沉浸在甜蜜的爱情世界里。

**拓展思考**

1. 四爪陆龟与普通的龟有何区别？
2. 四爪陆龟的价值都有哪些？

# 稀

## 少的两栖动物

第四章

XISHAODELIANGQIDONGWU

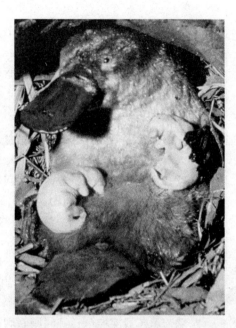

　　第一种呼吸空气的陆生脊椎动物，由化石可以推断，它们出现在大约 3.6 亿年前的泥盆纪后期。直接由鱼类演化而来，这些动物的出现代表了从水生到陆生的过渡期。两栖动物生命的初期有鳃，当成长为成虫的时候逐渐演变为肺。直到进入中生代以后，出现了现代类型的两栖动物，然而皮肤裸露并且光滑，被称为滑体两栖类。由于两栖动物有一定的经济价值而被大量捕获，有些种类已被列为濒危物种。

# 蟾蜍
*Chan Chu*

蟾蜍为典型的两栖动物之一，身体的表面有许多疙瘩，并且内有毒腺，俗称为癞蛤蟆、癞刺。在我国分为中华大蟾蜍和黑眶蟾蜍两种。从它身上提取的蟾酥以及蟾衣都是我国紧缺的药材。

## ◎外形特征

蟾蜍体长平均为 60 毫米左右，雌性最大者可达 80 毫米；头的宽度大于头的长度；吻端圆，吻棱显著，颊部向外侧倾斜；鼻间距略小于眼间距，且上眼睑略大于眼间距，鼓膜显著，为椭圆的形状。前肢比较粗短；关节下瘤不成对；外掌突大而圆，为深棕色，内掌色浅。后肢较短，胫跗关节前达到肩部或者肩后端，

※ 休息中的蟾蜍

左右跟部不相遇，足比胫长，趾比较短，趾端为黑色或深棕色；趾的侧面均有缘膜，基部相连成半蹼；关节下瘤小并且清晰，内跖突比较大而色深，外跖突很小色浅。雄性的皮肤比较粗糙，头部、上眼睑以及背面密布不等大的疣粒，雌性疣粒相对比较少，耳后腺大并且略扁；四肢与腹部都比较平滑。雄性背面多为橄榄黄色，并且有不规则的花斑，疣粒上有红点；雌性背面为浅绿色，花斑酱色，疣粒上也有红点；头后背正中常有浅绿色脊线，上颌缘以及四肢有深棕色纹。两性腹面均为乳白色，一般无斑点，少数有着黑色分散的小斑点。

### 知识链接

古代纹饰中的蟾蜍并不少见，殷商青铜器上就有蟾蜍纹，战国至魏晋，蟾蜍一直被认为是神物，有辟邪的功能。另外，蟾蜍也被认为是五毒之一。

## ◎生活习性

在陆栖时的蟾蜍，喜湿、喜暗、喜暖。白天活动比较少，喜欢栖息于

水边的草丛、砖石孔洞、沟塘、水渠、石穴、农田、草地、山间等一些阴暗潮湿的地方。通常是在傍晚至清晨出来活动、寻找食物，夜间活跃，阴雨天活动频繁。蟾蜍自身体温调节能力相当弱，属于冷血变温动物。它的体温随外界温度的变化进行改变，冬季需冬眠，蟾蜍主要靠体内存蓄的肝糖以及脂肪来维持生命。

※ 蟾蜍

## ◎分布范围

蟾蜍科的动物大约有 250 种，分布在除了澳大利亚和马达加斯加岛等海岛以外的全世界各地，目前澳大利亚也引进了蟾蜍。

## ◎药用价值

蟾蜍可加工成干蟾衣、蟾头、蟾舌、蟾肝、蟾胆等传统名贵中药，对治疗食道癌、肝癌、肾炎、白喉都有着很好的疗效。蟾酥含多种生物成分，有解毒、消肿、止痛功效。现代医学发现它有其他药物不可替代的强心、利尿、抗癌、麻醉、抗辐射、增加白血球的作用，是治疗冠心病的良药，日本用蟾酥生产出"救生丹"良药。我国用蟾酥生产出六神丸、心宝、梅花点舌赃、华蟾素等多种药物。

※ 蟾蜍

## ◎关于蟾蜍的传说

传说很久很久以前，在一个小山村里，住着一户詹姓人家，父亲詹大，女儿詹红莲，父女俩相依为命。平日里父耕女织，生活倒也过得实在。年过一年，红莲渐渐长大，詹大多了一桩心事：女儿已经 16 岁了，得为女儿找个好人家准备嫁人，可是，上哪儿才能找个好人家，使自己疼爱的女儿日后不受委屈呢？红莲懂得父亲的意思后，劝父亲不必为她操心，她哪儿也不嫁，就在家里服侍父亲终老。

这一天，詹大照常外出耕作，红莲在家为父亲缝补衣服，一不小心针扎到手指上，不由惊呼。这时，突然"沙"的一声响，红莲面前站着一位少年美男子，令红莲娇羞不已。那少年没有多说，马上拿过一块布条不由分说地为红莲包扎。待包扎停当，红莲小声问道："你是谁，怎么会到我家来呢？"

只听那少年柔声说："我是青蛙王子，就住在你家水缸里，十几年来多蒙你家照顾。詹小姐，你手指不碍事了吧。"

红莲眼望少年，惊疑道："你是青蛙王子？"

青蛙王子说："是的。当年我差点被人宰杀，是你父亲救了我的命，并将我养在了水缸里。十多年来我一直想着报答你家恩情。今日被小姐看破真容，也是上天注定我与小姐的缘分，如若小姐不嫌弃，那么今后我们可以生活在一起了。"

红莲听青蛙王子这么一说，想起父亲为自己终身的心事，不由脸红了，小声应答："只怕小女子高攀王子！"说话间，詹大从外面回来，听了事情经过，见青蛙王子一表人才，心里别提多高兴了，立刻就同意了两人的婚事，并择日拜过天地成婚圆房。青蛙王子与詹红莲成亲后，夫妻恩爱，如胶似漆，孝敬詹大，一家三口过得非常幸福。

第二年春天，詹红莲十月怀胎期满，生下一个男孩，令全家人高兴不已。只是这个男孩有点怪，身体与一般人无异，就是身上长着一层蛙皮。不管如何，这个孩子都是詹家的骨肉啊！詹大为外孙取名詹余。

说怪也怪，詹余从小就力大无穷，读书过目不忘，非常聪慧，六七岁便开始帮大人干活，等到了十多岁，长得身材魁梧，精明干练，把家里户外的粗杂活儿全都包揽下来，不让外公与父母操心，还不时上山打猎，每一次都是山猪野兔子什么的满载而归，家里吃不完的再拿到市上去卖，然后买些大人中意的东西回来，因此深得长辈的喜爱。

这一年詹余17岁了。一天，詹余禀明外公和父母，又提上猎物往街市去卖。詹余长相虽难看，但为人忠厚老实，山货又卖得便宜，因而常有一些老顾客光顾，每次拿到市上的猎物都是很快便卖出去了。这日詹余卖了猎物，看天色还早，便往市中心转悠，打算买点什么东西回家。詹余转到十家街头，看见一大帮人群围得严严实实，不知在看什么。好奇之下，也挤过去看。原来，大家看的是一张招募将军的皇榜，内容大致是本国与浮稀国发生战争，我国将士遭到敌国所设烂泥大阵阻击，屡战屡败，为保卫国家，特紧急招贤纳将，希望贤勇国人应招，能打败浮稀国者均封官爵禄，若为少年未婚者招为驸马，把最美丽的三公主许配与勇士。詹余见这么多人围观竟无人揭榜，心中豪气顿起，大步上前将皇榜揭了下来。护榜军士见他长相怪怪的，高声道："这是招将皇榜，可不许胡闹！"

旁边围观之众纷纷起哄："詹余丑怪有什么能耐，也敢揭榜？""怪物一个，也不撒泡尿照照自己是什么模样，竟想娶三公主！哈哈！"霎时间怪话四起。

詹余听闻如此怪话，顿时激起豪气，大声道："保家卫国，人人有份，你们有能耐怎么不揭榜？有胆量者跟我打败浮稀国，看我娶三公主去！"当即手拿皇榜转身回家，禀明父母外公，然后就随着护榜军士往皇宫面见皇帝。

经过一番比武，詹余武略居数百揭榜者之首。皇帝将帅印交给詹余，安排祭过天地，即命詹余率领大军出征浮稀国。詹余率领军队来到战事前线，首先审察清楚敌我双方情况，采取新的战略战术，从军中挑选骁勇将士，组成一支突击队，每人脚上扎上两块木板，自己身先士卒，带领猛士从烂泥陷阱上冲滑过去，奇兵以一当十，以突如其来之势，把浮稀国军队打了个措手不及，随后大军铺设木板竹席，长驱直入，势如破竹，一举打败了浮稀国。詹余率军凯旋而归，参见皇帝，陈述战事经过，请求为骁勇将士记功奖赏，丝毫不提自己的功劳，赢得满朝文武官员和参战将士、举国民众的称颂。

詹余虽率军大胜而归，皇帝心中亦甚欢喜，命人将詹余家中重建将军府，但真要将一身蛙皮的詹余招为驸马，却心有不甘，所以迟迟不提婚配之事，直到文武百官有感詹余功劳，奏请原来张榜纳将的事后，才下旨许配三公主给詹余。只是，从此不再召见詹余将军了。

再说詹余与三公主辞过皇帝与满朝官员及众将士，带上奖赏，回到家里，家里早建好堂皇将军府。见过父亲青蛙王子、母亲詹红莲和外公詹大，说明一切经过，立刻择日拜堂完婚。说来也怪，詹余就在洞房夜，那一层难看的皮却自动脱落了，呈现在公主面前的是一位英俊少年，这却让三公主高兴万分。

次日一早，詹余带着三公主出到厅堂拜见外公与父母，大家都不敢相信眼前的英俊少年就是詹余，等三公主说明了原因后，都不由得异常欢喜。这时，青蛙王子却对詹余说："你还是穿回那块皮吧，晚上在家可以脱去，白天仍以原来的模样示人。这样，对你会有好处的。"詹余点头答应，于是开始了白天晚上各一面貌的生活。

皇帝生日到了。詹余按照规矩随同公主一起前往皇宫祝寿。寿宴过后，皇帝将三公主单独召见三公主，询问日子过得好不好？三公主说："很好啊！别看詹余将军模样丑，他最会体贴人，我们都非常恩爱，他们的家人对我也非常好。再说，詹将军的丑怪模样只是一层皮，若是把那皮给脱了，还是世间罕见的美男子呢！"言语之中透出了无限甜美之意。听了女儿之言，皇帝便叫女儿带詹余入宫，要

※ 鼓气的蟾蜍

看看驸马的真面目，詹余坚持不肯，但碍于皇帝的威严，加上公主一旁劝说，便命众侍者退下，慢慢褪下了怪蛙皮。

皇帝见詹余褪下蛙皮，眼前不觉一亮："好一个英俊的少年将军"！再看看詹余手中的蛙皮，很是有趣，便要过来想试穿，詹余连忙阻止："皇上，使不得。"皇帝闻言瞪眼道："什么使不得！我是一国之君，要怎样不成？"詹余不敢再说什么，只得由他穿去。没想到，皇帝穿上蛙皮后，正对着铜镜顾盼自得，趣味无穷似的，忽然觉浑身奇痒，想脱下来，却发现蛙皮已牢牢粘在身上了。奇痒难忍之下，皇帝双手乱抓，直抓得浑身起了许多粒子，不一会，整个身形也开始变化了，先是慢慢地缩小，最后渐渐变成了一只无法说话就会蹦蹦跳的小动物，羞愧得钻进了水沟里。

眼见皇帝如此下场，詹余与内宫皇亲商议，昭告天下：老皇帝因病驾崩，要另选新皇。由于詹余将军曾为国立下大功，忠厚爱民，深得百官民众之心，最后被推拥当上了皇帝。老皇帝变为动物后，非常伤心，又知道三驸马接替自己当了皇帝，更是愤怒不已。

后来，人们渐渐了解到皇帝强迫女婿换衣的这段真相，便把它叫做蟾蜍。经过很多年，蟾蜍由于找不到吃的，只好抓蚊子充饥，而蚊子视蟾蜍为天敌，常常群起而攻，把它周身叮得伤痕累累，更加难看。蟾蜍每次在黑暗的坑沟角落里听到人们瓜棚檐下传说自己的丑闻旧史，又羞又恼，急得满肚子气，直涨到腮帮上，就是释放不出来。

**拓展思考**

1. 蟾蜍与青蛙有哪些不同之处？怎么区分？
2. 蟾蜍有什么生活习性？

# "石梆"——虎纹蛙

## "Shi Bang" —— Hu Wen Wa

**虎**纹蛙的头部一般为三角形状，头与躯干部没有明显的界限。头的端部比较尖，游泳时可以减少阻力，方便于划水前进。它的嘴非常宽大，除捕食外，一般很少张开；眼睛位于头的背侧或头两侧；上方和下方都有眼睑，与眼睑相连的还有向内折叠的透明瞬膜，在水活动的时候，瞬膜上移可以盖住眼球；外鼻孔上有一个鼻瓣，可以随时开闭，从而用来控制气体的进出。雄性头部腹面的咽喉侧部长有一对囊状突起，叫做声囊，是一种共鸣器，能扩大喉部发出如犬吠般的洪亮叫声，主要是用来吸引雌性的。躯干部分有两对肢体，前肢短，具有四趾，主要起支撑身体前部的作用，还能协助捕食以及在游泳时平衡身体。后肢较长，具有五趾，趾间并且有蹼，主要是在水中游泳或者在陆地跳跃时起到推进的作用。

虎纹蛙生活在丘陵地带海拔 900 米以下的水田、沟渠、水库、池塘、沼泽地等处，以及附近的草丛中。白天多藏匿在深浅、大小不一的各种石洞以及泥洞中，仅仅把头部伸出洞口，如果有食物活动，就会快速将它捕获，若遇到敌害时就会隐于洞中。

※ 虎纹蛙

虎纹蛙的食物种类很多，其中主要以鞘翅目昆虫为食，约占食物量的 36％，其他包括半翅目、鳞翅目、双翅目、膜翅目、同翅目的昆虫、蜘蛛、蚯蚓、蝌蚪、多足类、鱼苗、虾、蟹、泥鳅，以及动物尸体等。它还吃泽蛙、黑斑蛙等蛙类和小家鼠，这些小动物在虎纹蛙的食物中占有很重要的位置。

虎纹蛙是冷血的变温动物，没有恒定的体温，不仅体温低，而且经常会随着环境温度的变化而变化。在阴雨天温度下降比较多时，它会暂时停止摄食活动，生长速度变慢甚至停止。它以冬眠的方式渡过寒冷的冬天，在进入冬眠前，往往有一个积极取食的越冬前期，此时它们就会大量地捕食，为越冬贮存养料。

由于蛙类眼睛的结构，一般蛙类只能看到活动着的物体，所以只能捕食运动的食物。但虎纹蛙与一般蛙类不同，不仅能捕食活动的食物，并且可以直接发现以及摄取静止的食物，像死鱼、死螺等有泥腥味的水生生物的尸体。它对静止食物的选择不但以视觉，而且还凭借嗅觉和味觉。

虎纹蛙的繁殖期为5～8月份，冬眠苏醒后，立即进行繁殖活动。它在水中进行体外受精，卵孵化后成为蝌蚪，具有一系列适应水中生活的幼体特征，而且随着发育阶段的不同，形态特征也会随着变化而变化，蝌蚪经过变态发育为蛙，然后再转移到陆地生活，因此它们的生活史包括卵、蝌蚪和蛙三个阶段。

虎纹蛙在我国南方俗名"石梆"，由于它的个体比较大，肉质鲜美，是人们喜欢捕捉的对象，也是我国传统的出口土特产品，在市场上需求量非常大。但长期以来一直处于自生自灭，无人管理的野生状态中，近年来，由于生态环境的变化和资源需求量导致人们过度猎捕，使其数量已经大大地减少了，成了濒危动物。

**| 拓展思考 |**

1. 我们生活中的田鸡属于哪类？
2. 青蛙与虎纹蛙有哪些不同之处？

# *神奇的火蜥蜴*

*Shen Qi De Huo Xi Yi*

**火**蜥蜴是一种小小的、亮白色的能够喷火的蜥蜴，它以火焰为食。它的颜色根据它喷出的火焰温度的不同呈现出红色或者蓝色。火蜥蜴的血是一种有助于治疗和复原的药剂。

▶ 知识链接

> 蜥蜴的这种重生功能可利用这其中的科学原理，用于截肢、重度烧伤等外科损伤的治疗技术将会被提升，未来将可能真正做到创伤后不留疤痕的治疗。也许有朝一日，外科上部分人体损伤肢体再造，甚至全部断肢重生的美梦，都有可能在不久的将来成为现实。

## ◎火蜥蜴的特征及功能

火蜥蜴是火元素的代表，可以耐高热，并且会吐火，甚至可以生活在岩浆中。身体上有五彩的斑纹，火蜥蜴的身体比较冷，不但不怕火，还可以灭火，并且它懂得用火去攻击对手。火蜥蜴的体液中含有剧毒，如果人类食用了火蜥蜴爬过的果实就会马上中毒身亡。

※ 火蜥蜴

火蜥蜴是自然界最奇特的一种动物，它们不仅能再生被切除的四肢、受损的肺脏、重伤的脊椎神经，甚至还可以再生部分受损的大脑。

还有一种会游泳的火蜥蜴是极度濒危的物种，它们仅仅生活在墨西哥城南面一片很小的地区里。

## ◎关于蜥蜴的故事

德国发生了一件闻所未闻的新奇事，一条笨重的大蜥蜴竟然会打救急电话给医生，从而救了主人的性命。当时，大蜥蜴的主人雷伊突发急病倒在家里的地板上，生命垂危，就在这关键时刻，受惊的大蜥蜴一下子跳上了电话机，把电话筒也弹了下来，并且不可思议地用脚拨打了119急救号码。接到电话的医生虽然没有听到有人呼救，但却听到主人痛苦的喘气声，立即派出了救护车，追踪至这户人家，最后救了主人的性命。

事后，人们猜想，大蜥蜴打翻了电话，用脚拨了119急救电话号码，纯粹是一种巧合，这种事发生的几率为百万分之一。但雷伊认为这并不是巧合，因为他与大蜥蜴之间已建立了一种非常特殊的关系，他认为这只大蜥蜴能知道主人出了事，并且懂得如何打电话救急。

## ◎故事（二）

很久很久以前，有一个布农妇女，明字叫 ibu，她很会织布，人人都称赞她。

有一天，ibu 上山采苎麻，遇到一条百步蛇。蛇身上美丽的花纹，深深吸引了 ibu。ibu 很诚恳地向百步蛇妈妈说："我很想将你们美丽的花纹织到衣服上，请你把小蛇借给我三天，好吗？"百步蛇妈妈考虑了很久，最后才答应了。ibu 夜以继日不停地织着。三天过去，却只织了一半，她哀求百步蛇妈妈再宽延三天，百步蛇妈妈非常为难地再次答应了她的要求。ibu 废寝忘食的工作。到了约定的日子，终于把图案编织完成，但是小蛇却饿死了。百步蛇妈妈看到心爱的宝贝小蛇死了，非常非常伤心，也很愤怒。

第二天中午，晴朗的天空突然下起了大雨。成千上万的百步蛇像洪水般的从山上翻滚下来，开始袭击部落。族人惊慌不已，赶紧仓皇逃命，没过多久，很多人都被咬死了。有一个人爬到树上大喊救命，树上有只蜥蜴，它是布农族人的好朋友。蜥蜴对那人说：别害怕！然后转向百步蛇大喊："你们只是死了一条小蛇，但是却要咬死所有的人，这样公平吗？"百步蛇看到死伤遍野的情景，停下来想了想，就决定饶了他们。

于是，布农族就与百步蛇立下约定，保证从此不再互相伤害。在以后的生活中，布农族人遇见百步蛇时，要说言归于好或朋友，百步蛇听见后一定要走开。布农族人如果经过百步蛇的领域，要出示一块红布，以提醒双方的约定。从此，布农族人与百步蛇和平相处。

涉临灭绝的动物

---

**拓展思考**

1. 火蜥蜴有哪些价值？
2. 火蜥蜴与普通蜥蜴有哪些不同之处？

# 怪异的鸭嘴兽

*Guai Yi De Ya Zui Shou*

鸭嘴兽是一种不可思议的"混杂"型动物：它有着毛茸茸的像水獭一样的身体，鸭子一样的嘴巴和网状的脚蹼。以至于第一个看到鸭嘴兽的欧洲科学家认为鸭嘴兽是"人工合成"的。18世纪末期，英国的一位科学家乔治·夏尔收到澳大利亚政府官员寄来的一个包裹。当他打开后，看到了一件奇怪的家伙，皮毛是巧克力一样的褐色，脸看上去像啮齿目动物，但嘴却像鸭子似的，而且"脚"与鸭子的脚也非常相似。夏尔看着这个怪物，还以为是谁在开玩笑，把鸭子缝到了海狸身上呢！

当然，鸭嘴兽是真实存在的，它们主要生活在澳大利亚的淡水水域。在圣路易斯的华盛顿大学工作的基因学家韦斯利·沃伦这样评论它们："可爱又有趣。这也是它们吸引很多人的原因。"

## ◎外貌特征

鸭嘴兽分布于澳大利亚以及塔斯马尼亚。属于半水栖生物，为淡水中的捕乳动物。成年鸭嘴兽长度有40～50厘米，雌性的体重在700～1600克之间，雄性体重在1000～2400克之间。鸭嘴兽体长约50厘米，全身裹着柔软褐色的浓密短毛，就像麝鼠一样。尾巴又宽又短，与海狸的尾巴极为相似。鸭

※ 鸭嘴兽

嘴兽的视觉以及它的听觉都很敏锐。它的耳朵长在眼睛后面的沟槽中。鸭嘴兽颌部扁平，与鸭嘴非常相似，嘴上的皮肤光滑平坦，颜色为黑色，皮肤敏感，像皮革一样。脚趾间有着与薄膜相似的蹼，前脚的蹼在挖掘时会反方向褶于掌部，从而露出它锋利的爪子。对于鸭嘴兽的自我保护来讲，雄性鸭嘴兽后脚带有刺，并且会分解出毒汁，喷出来便可以伤人。如果人

被毒刺刺伤，立刻就会引起剧痛，需要数月才能恢复。这是它的"护身符"，雌性鸭嘴兽出生时也有毒刺，但是在长到30厘米的时候就会消失了。鸭嘴兽幼体有齿，但成年的鸭嘴兽的牙床却没有齿，并且还能由不断生长的角质板所代替，板的前方咬合面形成许多隆起的横脊，主要用来压碎贝类、螺类等软体动物的贝壳，或剁碎其他食物，后方角质板呈平面形状，与板相对的扁平小舌有辅助的"咀嚼"作用。鸭嘴兽的尾巴大而扁平，占体长的1/4，在水里游泳时起着舵的作用。

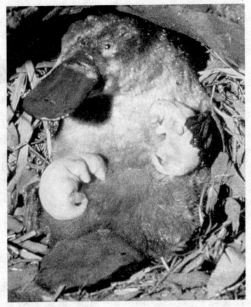

※ 鸭嘴兽及幼崽

**知识链接**

历经亿万年，也没有灭绝，而且也没有多少进化，始终在"过渡阶段"徘徊着，真是奇特又奥妙，充满了神秘感。这种全世界唯有澳大利亚独产的动物，但因追求标本与珍贵的毛皮，多年滥捕而使种群严重减少，曾一度面临绝灭的危险。由于鸭嘴兽的特殊性和稀少，已被列为国际保护动物，澳大利亚政府已经制定保护法规。

## ◎生活习性

鸭嘴兽为两栖动物，生活在河、溪的岸边，它的大多时间都是在水里度过，特别擅长挖掘、游泳以及潜水。常把窝建造在沼泽或河流的岸边，洞口开在水下，包括山涧、死水或污浊的河流、湖泊和池塘。它在岸上挖洞作为隐蔽所，洞穴与毗连的水域相通。当它潜入水中的时候，它的眼睛是闭着的，靠嘴巴表面的感觉细胞来探测水中微弱的电流，从而使自己找到猎物：青蛙、蠕虫、昆虫的幼体以及甲壳类动物作为食物。

鸭嘴兽主要是以软体虫及小鱼虾为食，但是可怜的鸭嘴兽没有哺乳动物般尖利的牙齿，一张扁扁的鸭嘴，怎么咀嚼食物，难道生吞活咽吗？鸭嘴兽却有办法，每次它在水中逮到猎物时，先藏在腮帮子里，然后浮上水面，用嘴巴里的颌骨上下夹击猎物后才能吞咽下去。

鸭嘴兽的生殖是在它所挖的长隧道内进行，一次最多可产下 3 枚卵，形状像麻雀蛋，不过比较圆一些，长约一厘米多不到二厘米。卵壳是软的，卵与卵比较容易相互粘在一起。刚出壳的幼仔光秃秃的没有毛，看不见东西。母兽孵卵时一般几天都不离洞。以后出来时，也是为整容理妆、洗洗、湿润一下皮毛。然后就又会钻入自己的"产房"，仔细地把洞口用土堵好。四个月后，小鸭嘴兽才敢离洞。这时，它们的毛已完全长齐，体长已达 35 厘米，完全能够自己外出寻找食物。

## ◎鸭嘴兽三怪

### 第一怪：放毒

鸭嘴兽长着厚厚的皮毛、有趣的嘴和脚，令人一看到就不由自主地想要抱一下。

※ 水中的鸭嘴兽

但是，注意了！千万不要被它们可爱的外表给蒙蔽了！一旦雄鸭嘴兽感受到威胁时，它就像有些哺乳动物一样，通过后脚上锋利的刺来释放出毒素。然而一旦被它刺伤，虽然不会死，但疼痛却是免不了的。

### 第二怪：下蛋

毒素、鸭掌不是鸭嘴兽唯一奇怪的特征。想想看，假如你养的狗会下蛋，你会作何感想？然而雌鸭嘴兽就会像鸟儿一样下蛋，据了解，世界上只有两种哺乳动物才会下蛋。一种是鸭嘴兽，另一种就是针鼹鼠。而且鸭嘴兽并不是用乳头给幼仔喂奶的，而是通过自己腹部上的一条沟，小鸭嘴兽舔食那里就可以吃到奶了。

### 第三怪：释放电场

鸭嘴兽还有一些很特殊的器官，称为"电感受器"，这种器官能让鸭嘴兽在游泳时对周围环境非常敏感。电感受器能够发出电场并且能察觉在此电场中发生的变化。这种器官能够帮助鸭嘴兽在漆黑的水中寻找到食物，然而却很少有哺乳动物生长这种器官，除了原始的几种鱼类，比如，鲨鱼。

## ◎鸭嘴兽皮皮的故事

在澳大利亚的森林深处，有一个美丽的西西湖，这里有一只善良的小动物，它长着禽类——鸭子的嘴巴和脚蹼，却拥有兽的身体。于是人们将它称为鸭嘴兽皮皮。皮皮是个热心肠，愿意和其他小动物亲近，但大家却因为它长得不伦不类，都不愿意和它做朋友。所以皮皮感到很失落、很孤单，每次它都会独自在西西湖的角落里趴着，瞅着湖水中成群的小鱼小虾自言自语，然而它是多么想有个一起玩耍的好伙伴啊！

有一天，皮皮在湖中游泳，突然看到几只从远方飞来的候鸟，它们悠闲地在湖面上空起起落落，来回飞舞，不时地冲入湖中，飞出来的时候，嘴里已经衔着一条鲜活的小鱼。皮皮看呆了，心想，要是能与这群本领超群的候鸟做朋友，那该多好啊！于是，它拖着肥胖的身体缓缓地游了过去，它这一来可惊动了那群迷失的候鸟，它们大叫怪物，扑腾扑腾地乱飞起来。一只勇敢的大鸟，飞到了皮皮面前，大吼道，"喂！丑陋的怪物，你要攻击我们吗？告诉你，我们可都不是好惹的！"皮皮后退几步，低头说道："大鸟你好，我不是怪物，我叫皮皮，我是你们的邻居，因为我丑，在这里生活的动物们都不愿意和我交朋友，我觉得好孤单，你们能做我的好朋友吗？"一听这话，四下的鸟儿纷纷飞了回来，大家你瞅瞅我，我瞅瞅你，在大鸟的带头下咕咕地笑了起来，"你瞧瞧它那副样子，不伦不类的，还想和我们交朋友，真可笑，依我看，你还是找鸭子做朋友才对，看它那张滑稽的大嘴，咕咕咕咕……"众鸟狂笑一阵后，心满意足地飞走了。皮皮愣在那里，伤心地留下了眼泪，"看来我一辈子都不能交到朋友了"望着湖面上被自己眼泪打乱的倒影，它彻底绝望了。这时，一只美丽的黑天鹅从湖的另一面游了过来，它将嘴里衔着的一条小鱼扔给了皮皮，说："这么快就被打倒了吗？连你自己都不相信自己，谁又能会相信你呢？别灰心，小家伙，你一定会有很多好朋友的，送给你条小鱼吃。"皮皮高兴极了，"真的吗？那么你这么漂亮，会愿意和我这么丑的一个怪物交朋友吗？""交朋友不是仅靠外表的，更重要的是要有一颗金子般的心。虽然你没有华丽的外表，但你却有一颗善良的心啊，我相信你的朋友会越来越多的，那些无知的候鸟不是说你和鸭子长得很像吗？为什么不去找找它们，问它们愿不愿意与你做朋友呢？走，我这就带你去找它们。"说着，

濒临灭绝的动物

这只美丽的黑天鹅便在湖中做了一个优美的转身，湖水顿时绽开一圈又一圈涟漪，像一朵美丽的雪莲，皮皮跟在后面，也想效仿，可刚一转身，嘴巴便被肥胖的身体压进了水里，来了一个 60 度的狗刨，呛得它直咳嗽。

黑天鹅带它来到了一个开满芦苇的池塘，绿绿的芦苇荡中有着各种美丽的蝴蝶，漂亮的鸟儿，看上去生活的好不自在！皮皮不敢相信，西西湖还有这么美丽的地方，好像天堂一般，突然觉得自己更加丑陋了。它叫住了前面的黑天鹅说："黑天鹅大哥，我看我还是别进去了，我这么丑，说不定会把其他小动物给吓坏了的，有你这么漂亮的朋友，我已经很知足了。"黑天鹅笑道："别担心，我相信大家是不会在乎你的外貌的，不是还有我吗？怕什么？跟我来吧。"黑天鹅带着皮皮从芦苇丛中的一个三角形的洞口进入，里面黑漆漆的，皮皮觉得游了好久好久，突然前面有一片光亮，等它们游进去的时候，皮皮惊呆了，里面是一片更大的湖泊，这里有数不清的天鹅，还有一群跟它长得很像的鸭子，皮皮它们的到来，很显然惊动了这里居住的所有动物们，大家纷纷回头，用很惊讶的目光注视着皮皮，像见了外星怪物一般。皮皮看都这么多的目光都在注视着自己，很不好意思地低下了头。

黑天鹅站出来说："大家不要惊慌，它是鸭嘴兽，也居住在这片森林里，因为害怕别人会讨厌它的样子，所以一直居住在对面的那片湖里，从来没有远行过，但是它心肠很好，很想与我们大家交朋友，所以我就把它带来了，鸭公公，你看它是不是与你们族人有点像啊？"一只年龄较大的鸭子从众多的鸭子中间游了出来，绕着鸭嘴兽转了一圈说："它和我们有一样的嘴巴和脚蹼，不过它的身子怎么肥肥的，还长了一层油腻腻的棕毛，的确是丑了点。"黑天鹅忙向皮皮使眼色，让它做自我介绍，皮皮红着脸说道："我是鸭嘴兽皮皮，我是丑了些，不过只要大家愿意跟我做朋友收留我，我什么都愿意为大家做，谢……谢大家！""既然是黑天鹅介绍来的，我们怎么也得给个面子，好吧，从此以后，你就加入我们吧，不过你一定要保守秘密，在我们这里一定不能随便带外人进来，现在这里是唯一没有被人类发现的地方了。""这是真的吗？我可以留下和你们做朋友了，黑天鹅大哥，我成功了，好高兴啊。"皮皮抱着黑天鹅跳了起来，顿时水花四溅，所有的鸭子都变成了落汤鸭。从此皮皮不仅有了新伙伴，还拥有了一个新家，虽然还是有很多小动物嘲笑它的样子丑陋，但它还是很开心。它在这个王国的任务就是照看刚刚孵化出的小鸭，由于皮皮办事认真负责，所以几乎所有的鸭妈妈们都会把它们的孩子交给皮皮照顾，这是多么有意思的场景啊，一群黄黄的小鸭子排成长队跟在鸭嘴兽皮皮的后面，皮皮向左，它们向左，皮皮向右，它们也跟着向右，小屁股一扭一扭的，步调整齐一致。皮皮觉得那是自己最幸福的一段时光。也许，它从来不曾想过，在不久以后，它将会永远离开这群可爱的小鸭。

一天，它照例带着小鸭们去散步，突然远处传来"砰砰"两声枪声，对面森林里顿时群鸟四起，小鸭们吓的缩成一团，皮皮知道这是人类来了，因为也是这样的枪声，夺走了皮皮母亲的生命，皮皮母亲在弥留之际告诉过它，人类是多么的可怕。由于它们鸭嘴兽稀有，并且它们对人类很有价值，所以，人类会不惜一切代价抓住它们。皮皮察觉到人类渐渐逼近了，它用身体护着这群小鸭，让它们不要害怕。这时，黑天鹅游了过来，它告诉皮皮是那群候鸟，把人类引到了这里，为了不让他们进入这片湖，伤害更多的同胞，只有把他们引走。皮皮看到黑天鹅流下了眼泪，这还是它第一次看到，皮皮说："黑天鹅大哥，感谢你这么多日子以来对我的照顾，没有你，我也许早就孤独而死了，我知道这些人类是来找我的，我不能害了大家，你照顾好小鸭，把它们都带到安全的地方，告诉它们，虽然它们的皮皮大叔外表很丑，但是个英雄，要它们好好学习本领，我走了"。

"不行，你这是去送死啊，他们人类是非常贪婪的，你的死并不能换回这里的安静，我们应该一起战斗！"黑天鹅坚决地说。

"那谁来照顾这些鸭宝宝呢？何必大家一起送死，我知道人类有一种叫做枪的武器，可以穿石，谁能打得过他们？不用再说了，我走了，希望我们还能再见！"

就这样皮皮走了，接着森林里再次传出了一阵枪声……

由于鸭嘴兽具有很多爬行动物的特征，这些特征为科学家们研究爬行动物在 2.7 亿年前是怎样演变为哺乳动物的研究生涯提供了很好的素材。

**拓展思考**

1. 关于鸭嘴兽有哪些影视作品？
2. 鸭嘴兽冬眠吗？

濒临灭绝的动物

# 活化石——娃娃鱼

*Huo Hua Shi —— Wa Wa Yu*

娃娃鱼又名大鲵，是中国独有的珍稀两栖有尾动物。山间盛夏的夜晚，伴随着叮咚的泉水，常会听到婴儿般的啼哭，这其实就是大鲵的叫声，人们因此而称它为"娃娃鱼"。娃娃鱼的历史可以追溯到 3.5 亿年前，素有"活化石"之称。

※ 娃娃鱼

## ◎形态特征

娃娃鱼是现存有尾目中最大的一种，在两栖动物中要数它体形最大，全长可达 100～150 厘米，最大体长能达到 180 厘米。体重最重的可超过百斤，外形有点类似蜥蜴，只是相比之下显得更肥壮扁平。

娃娃鱼头部宽扁，上嵌一对小眼睛，嘴比较大，眼睛不是很发达，并且没有眼睑；身体前部为扁平，直至尾部逐渐转为侧扁；身体两

※ 人工养殖的娃娃鱼

侧有明显的肤褶，四肢短并且扁，前肢有五趾，后肢有四趾，有着少许的蹼；尾巴为侧扁并且为圆形，尾上下有鳍状物。娃娃鱼的体色可随不同的环境而变化，但一般大多数为灰褐色；体表光滑没有鳞，但是有着各种不同的斑纹，并且布满黏液；身体背面为黑色以及棕红色相交，腹面颜色比较浅淡。

大鲵的营养价值极高，是水珍三宝之一，有"水中人参"之称，据明朝名医李时珍《本草纲目》记载，娃娃鱼对霍乱、痢疾、妇科病以及冷血病都有显著的疗效；保健方面能安神，助睡眠，增进食欲，补益疗虚，增强人体免疫功能，娃娃鱼肉质细嫩，肥而不腻，营养丰富，对体质虚弱，夜盗汗、妇女血经，男性生精补肾等都有特效，是男女老少皆宜的滋补品。

## ◎生活习性

娃娃鱼喜欢生活在海拔200～600米的山区溪流中，通常白天隐伏在有洄流水的洞内，傍晚或者夜间外出觅食。大鲵食性非常广泛，以水生昆虫、鱼、蟹、虾、蛙、蛇、鳖、鼠、鸟等为食。捕食方式为"守株待兔"。到了夜间，便静守在滩口石堆中，一旦发现猎物经过时，便进行突然袭

※ 水中的娃娃鱼

击，由于它嘴里的牙齿又尖又密，猎物进入口内后很难逃掉。但是，它的颚齿只有捕食能力，而没有咀嚼功能，所以捕到猎物时只能大口吞吃或囫囵吞下，然后送到胃内慢慢消化。有时它吞下一只蛙，十多天也不能完全消化，因此也有很强的耐饥饿能力。饲养在清凉的水中二三年不进食也不会饿死。它同时也能暴食，饱餐一顿就可增加体重的1/5。食物缺乏时，甚至会出现同类相残的现象，有时也会以卵充饥。

到了冬季，娃娃鱼由于自身没有调节体温的能力，无法抵御严寒的侵袭，只好躲进水潭或洞穴内，停止进食，进入冬眠。一直等到第二年三四月份天气转暖时，才会出洞游荡，寻找食物。

## ◎繁殖习性

一条雌鱼一年产一次卵，时间是每年的7～8月之间。卵产于岩石洞内，每次可产卵400～500枚，卵为淡黄色，被胶质囊串成念珠状。雌鱼产卵完毕急匆匆离去，由雄鱼担当护卵育子的责任。为了保护卵，雄鲵把身体曲成半圆状，将卵围住，以免被水冲走或者遭受敌害，直至2～3周后孵化出幼鲵，15～40天后，小"娃娃鱼"分散生活，雄鲵才肯离去。

大鲵的寿命在两栖动物中也是最长的，在人工饲养的条件下，能活 130 年之久。

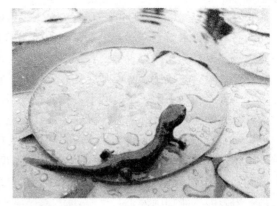

※ 娃娃鱼幼体

## ◎种群现状

大鲵主要分布在长江、黄河、珠江流域的中上游支流内，遍及国内的华南、华中、西南 17 个省区，主要产地有贵州、四川、湖南、湖北、陕西、河南等省。虽然大鲵分布广泛，但是由于大鲵肉嫩味鲜，长期遭到人们大量捕杀，各产地数量都已大大地减少，有的产地已濒临灭绝。尤其是生存环境丧失、栖息地破坏以及过度利用对大鲵生存造成了严重威胁，导致种群急剧下降，分布区成倍缩小，处于濒危状态。

## ◎关于娃娃鱼的传说

在宛东美丽的土地上，有着这样一个美丽的传说故事：某村庄里有一个小伙子，既善良又勤俭，没爹没娘，独自一人过日子。

有一天，这个小伙子在一条河里捕鱼时，捕到了一条娃娃鱼。他拿回家，把娃娃鱼用一个大水缸养了起来。一天，起早他去山上砍柴了。中午回来后发现，锅里有着热气腾腾的饭菜，吃着美味可口，他心里乐呵呵地舒服极了。他想："是谁对我这么好呢？给我做这么好吃的饭菜，我一定想办法弄清楚怎么回事，再去感谢这位好心人。"

一连多天，天天如此。这位年轻人仍然起早去干活。半晌间，他猛不防地返回家里，隔着门缝向屋里一看，一个十分漂亮的长辫子大姑娘，正在聚精会神地做饭炒菜呢。他进屋去，双手紧紧抱住了大姑娘。原来是水缸里的娃娃鱼变的大姑娘，后来他们俩成了一对恩爱夫妻。从此过上了美满幸福和谐的生活，并且还有了自己心爱的一双儿女。

还有个传说是：据说有一处庙宇，由于地处山顶，老和尚天天让两个小和尚到山脚下的河里打水。一天，小和尚们打水时发现有一条娃娃鱼在河里上下浮动，急忙回去告知老和尚。老和尚抱回庙中放在了树旁，这时就出现了一个水潭，那娃娃鱼在里面欢快地戏水。老和尚高兴地告诉小和尚："你们以后就不用到底下河里打水了，从这里抬水就行了。"小和尚们每天打完水，水就会自动补起来，小和尚们不免有些好奇，就问老和尚这是怎么回事。老和尚得意地说："水里的娃娃鱼是人参娃，人吃了它会长生不老。等它长成了，我们师徒几人一起吃了它，就可成正果了。"

一天老和尚下山去了，两个小和尚打起了主意，就用蒸笼把娃娃鱼蒸了。老和尚回来时远远闻见扑鼻的香味，心想是什么东西能这么香，从来没有闻到过，不免有些犯嘀咕。回到庙里发现俩小和尚不见了，娃娃鱼也不见了，听着头顶叫"师父"，老和尚抬头一看，俩小和尚飘在了树尖上。老和尚问明事情原因，不免大发雷霆，就把两个小和尚赶出了寺庙。从此，树旁的水潭也消失了。

## ◎一条娃娃鱼的自白

我是一条娃娃鱼，多年来，我一直住在镇边的小溪里，和我的家族们过着幸福、安定的生活。

随着这几年的改革开放，我身价倍增，成了宴席上的美味佳肴。尽管国家把我们列为二级保护动物，但是那些见钱眼开的人还是会千方百计捕捉我们。

一次，我们正在清澈见底的小溪里嬉戏，只听"轰"的一声，同胞中许多当场被炸晕，成了人们口中餐，最后我幸免于难。

自从那次遭炸后，我们总结教训，躲在石头缝里，很少出来。可是，那些人又用"鱼藤精"来毒我们，使我们防不胜防，我就是前几天误吃了有"鱼藤精"的食物而昏了过去，幸亏遇到好心的小女孩，把我救起来，至今还活在她家的大鱼缸里。

我居住在鱼缸里，很想回到小溪里过自由自在的快乐生活，又怕过不了多久，就会成为人们的美味佳肴，倒不如躺在鱼缸里面安全。但又不时想起我的伙伴们。如今，已很难找到我们的娃娃鱼了，我们将近绝种了。

> **拓展思考**
>
> 1. 娃娃鱼濒临灭绝的原因是什么？
> 2. 如何保护娃娃鱼？

濒临灭绝的动物

# 珍
## 贵的哺乳动物

第五章

ZHENGUIDEBURUDONGWU

　　哺乳类是一种恒温、脊椎动物、身体有毛发以及大部分都是胎生，并且借助乳腺哺育后代。哺乳动物是动物发展史上最高级的阶段，也是与人类关系最为密切的一个类群。人类的活动将导致全球哺乳动物的种类不断下降，随着人口增长和栖息地变化而相继走向灭绝。

# 可爱的鹿瞪羚

*Ke Ai De Lu Deng Ling*

鹿瞪羚在 2004 年就已被列为濒临绝种的物种，在十年间其数量下降了 80%，成为极度濒危的物种。鹿瞪羚主要生活在非洲大陆，野生鹿瞪羚总数不超过 100 头，总种群数目少于 2000 头。在非洲、欧洲以及美国的动物园内都有饲养。

※ 鹿瞪羚

## ◎主要特征

鹿瞪羚的外形主要为淡褐色，但头部、臀部而至腹部并延伸到四肢的为不均匀的白色，颈上有一白点。体质强壮；有适合长跑的腿；脚上有四趾，但是侧趾比鹿类更加退化，特别适于奔跑；门牙和犬齿都已退化，但是下门牙至今保留着，下犬齿门齿化，三对门齿向前倾斜为铲子状，由于它们的食物是以比较坚硬的植物为食，前臼齿和臼齿为高冠，珐琅质有褶皱，齿冠磨蚀后表面会形成复杂的齿纹，食物通常都为植物类。所有的鹿瞪羚都长着细腿和细长的脖子，还有它那像 "S" 的角，雄性的则更大更结实。

▶ 知识链接

中国传统医学认为，鹿肉属于纯阳之物，补益肾气之功占所有肉类第一，所以对于新婚夫妇以及肾气日衰的老人，吃鹿肉是非常好的补益食品，对那些经常手脚冰凉的人也有很好的温暖作用。鹿肉有高蛋白、低脂肪、低胆固醇的特点，对人体的血液循环系统、神经系统有良好的调节作用。还有补脾健胃，养肝补血，壮阳益精的神奇功效。

## ◎生活习性及分布

鹿瞪羚通常栖息在草原、半沙漠地区、平原和高原，丘陵和山区的边缘地带。生活于非洲撒哈拉沙漠内，季节性迁移，形成较大的数百只的群体，处于旱季时它们通常会迁往南方找寻食物，雨季时则回到北方境内。鹿瞪羚的生命力很顽强，耐热，可以数周不喝水。但尽管如此，撒哈拉沙漠气候变迁对鹿瞪羚来说还是非常难以承受。因气候的变迁使鹿瞪羚的食物缺乏。

鹿瞪羚分布范围比较狭窄，其种类主要分布在乍得、马里以及尼日尔地区。

人类的偷猎以及对其栖息地的破坏使它们的数目大幅减少，牧群数目也变得狭小，仅有分布于西部的穆霍尔瞪羚，中部的鹿瞪羚以及东部的红颈瞪羚三个亚种。

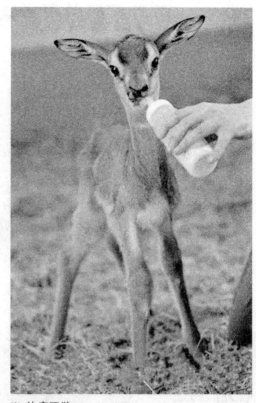

※ 幼鹿瞪羚

---

| 拓展思考 |

1. 鹿瞪羚和鹿有哪些不同？有什么相同之处？
2. 鹿瞪羚数量为什么这么少？主要有哪些因素？

# 可可西里的骄傲——藏羚羊

Ke Ke Xi Li De Jiao Ao —— Zang Ling Yang

藏羚羊是中国重要的珍贵动物之一，也是我国的特产动物，被列为国家一级保护动物，属羚羊亚科动物。主要分布在新疆、青海、西藏的高原上，另有零星个体分布在印度地区。藏羚羊的体形与黄羊非常相似，体长 140 厘米左右，尾长 15～20 厘米，肩高 80 厘米左右，体重为 45～60 千克。主

※ 藏羚羊

要生活在荒漠草甸高原、高原草原等环境中。藏羚羊善于奔跑，最高速度每小时可达到 80 千米，寿命最长为 8 年左右，生性胆怯，喜欢在早晨或者黄昏结成小群活动觅食。

## ◎外形特征

成年雄性藏羚羊的脸部为黑色，腿上有黑色标记，头上长有竖琴状的角可用来防御敌人的进攻；它们的角长并且笔直，角尖有稍微的内弯，雌性藏羚羊没有角。藏羚羊四肢匀称、强健，尾部短并且尖，全体的毛比较丰厚浓密，毛也比较直，底绒非常柔软。雄羊头颈上的毛为淡棕褐色，夏天颜色深而冬季变为浅色，腹部为白色，额面以及四条腿有着非常明显的黑斑记，藏羚羊生存的地方海拔比较高，空气稀薄，然而它们的两鼻孔内各有一个小囊用来帮助它们适应高原上稀薄空气的这种特殊环境。

## ◎生活习性

藏羚羊的生活习性非常复杂，一部分藏羚羊喜欢长期定居在一个地方，但是也有习惯迁徙的羊群。雌性与雄性藏羚羊的活动模式也有着不同之处，成年雌性藏羚羊和它们的雌性后代每年从冬季交配地到夏季繁殖

地，迁徙行程约 300 千米。年轻雄性藏羚羊会离开群落，与其他年轻或者成年雄性藏羚羊聚集在一起，最终就会形成一个混合的群体部落。

　　藏羚羊生存的地区东西相跨约 1600 千米，季节性迁徙是它们重要的生态特征。因为母羚羊的产羔地主要在乌兰乌拉湖、卓乃湖、可可西里湖、太阳湖等地区。在每年的 4 月底，雌雄藏羚羊开始分群而居，未满一岁的公仔这时也会与母羚羊分开，到了五六月，母羊与它的母仔迁徙前往繁殖地产子，然后母羚又会带领着幼子原路返回，也就完成了一次迁徙过程。

▶知识链接

　　藏羚羊还受到了中国《野生动物保护法》的一级重点保护，在没有许可的情况下禁止狩猎和贸易。在印度，根据印度野生动物保护法，藏羚羊贸易也是明文禁止的。

## ◎分布范围

　　在青藏高原，以羌塘为中心，南到拉萨的部北，北至昆仑山，东至西藏昌都地区北部以及青海西南部，西到中国与印度的边界，偶尔也会有少数由此处流入印度境内拉达克。

## ◎种群现状

　　据 1990 年相关部门统计，藏羚羊的数目是 100 万只，而到 1995 年只剩下了 7 万多只，数量锐减。以前有时还可以发现有 1 万多只为一个群体的藏羚羊。经过执法部门对盗猎藏羚羊行为的严厉打击，现存的藏羚羊总数大约在 10 万只左右。

※ 休息的藏羚羊

　　为了保护藏羚羊以及青藏高原其他的珍稀物种，我国先后成立了金山国家级自然保护区、羌塘国家自然保护区、可可西里省级自然保护区、三江源自然保护区等多个自然保护区，对藏羚羊加以保护。同时也加大了对非法捕杀藏羚羊犯罪活动的打击力度，加强了法制宣传以及执法力度。

## ◎生长繁殖

藏羚羊群的构成和数量根据性别和时期不同会有所变化。雌性藏羚羊在 2 岁左右就能达到性成熟，经过 7～8 月的怀孕期后一般在 2～3 岁之间产下第一胎；幼仔在 6 月中下旬或 7 月末出生，每胎 1 仔。藏羚羊的交配期一般在 11 月末至 12 月之间，雄性藏羚羊一般需要保护 10～20 只雌性藏羚羊。雌性藏羚羊生育后代时都要千里迢迢地移至可可西里生育。丰富的食物、相对安全的环境有利于藏羚羊的生产以及生长。

※ 藏羚羊母子

## ◎保护级别

藏羚羊全身都是宝，因此被称为"可可西里的骄傲"。纤细的羊毛被誉为"软黄金"，它还被列入《濒危野生动植物种国际贸易公约》中严禁贸易的濒危动物。藏羚羊是一种优势动物，假如当你看到它们成群结伴在雪后初晴的地平线上涌出，精灵一般的身材，优美且似飞翔一样的跑姿，你就会不得不相信，它能够在这片土地上生存数千万年，是因为它们本来就是属于这里的。它们并不是一种自顾不暇、濒临灭绝或是适应能力差的动物，只要我们人类不去管它们，它们自己便可以好好的活着。

历史上藏族人捕杀藏羚羊是迫于生计，而目前藏羚羊所面临的最大威胁是人类为获取经济利益而进行的盗猎行为，因为藏羚羊身上的底绒是制作精美"沙图什"的原料。"沙图什"是世界公认的、最精美的披肩，然而制作一件"沙图什"就需要付出几只藏羚羊的生命。印度历史上有使用"沙图什"作为嫁妆的风俗，虽然这并不是威胁藏羚羊生存的最大因素，

濒临灭绝的动物

但西方时尚界对"沙图什"的追求是直接导致 80 年代末和 90 年代初盗猎大幅上升的直接原因。藏羚羊绒从西藏走私到印度寨模和克什米尔，在那里可以合法地使用藏羚羊绒织成披肩以及丝巾，但出口贸易仍然是非法的。每年估计有 2 万只藏羚羊因"沙图什"的原因而被人们猎杀。另外，藏羚羊角在传统医药市场也有销售。

人类的活动对藏羚羊迁徙与活动的干扰，以及对藏羚羊栖息地的侵占，也是直接威胁它们生存的重要因素。

## ◎藏羚羊的故事

有个盗猎分子在山上发现了一群藏羚羊，就在他开枪准备射击时，羊群发现了险情，很快向远处逃散。猎人举枪追击，体格健壮的藏羚羊跑在前面，把小一点的羚羊落在了后面。追到一个峡谷时，其余的藏羚羊都已经纷纷纵身跳了过去，只丢下一对母子。盗猎者很快追上了落在后面的母子俩。藏羚羊的弹跳能力很强，速度快的时候能跳数丈远。还没有完全长大的小羚羊跳不了那么远，很显然，在这种危险的情况下，它要不就是跌入深谷摔个粉身碎骨，要不然就是落入盗猎者手中，而母羚羊是可以跳过峡谷逃生的。

盗猎者紧随其后追击，快追到峡谷尽头时，母子俩同时起跳，但是弹跳的那一瞬间母亲放慢了速度，几乎只用了与小羚羊相当的力度。母亲在半空中比小羚羊先下沉，小羚羊稳稳地踩在母亲的背上，以此作为支点开始了第二次起跳，顺利地逃到对面的峡谷，而它的母亲却无力第二次起跳，落入深谷摔死了。

这一幕让盗猎者震惊了！他跪倒在地，含着泪把罪恶的枪甩入了山谷里。

那一降是母爱的升华，是母爱最高的境界，此情此景感动天地；然而盗猎者的那一跪是良心的觉醒，更是对母爱的真诚敬仰以及懊悔自己的所作所为。一个是为爱牺牲，另一个是因爱而觉醒。

---

| 拓展思考 |

1. 藏羚羊有哪些价值？它与普通羊有何不同？
2. 对藏羚羊生存造成威胁的都有哪些因素？

# 珍贵的旋角羚

*Zhen Gui De Xuan Jiao Ling*

旋角羚是生活在撒哈拉荒漠上的一种羚羊，它们属于牛科动物。旋角羚有着宽大的蹄子，这可以使它们笨重的身体在沙漠松软的地面行走时不会那么困难。旋角羚因它们头上长着螺旋扭曲的角而得此名，这样的角在雄性与雌性的头上都有生长。它们的毛色会随着季节发生变化，夏季浅而冬季深。

※ 野外旋角羚

## ◎外形特征

旋角羚的脖子比较短，肩比臀部略显高些；四肢较粗，脚蹄宽大，主要适于在沙漠中行走；尾圆且细，长 25～35 厘米，末端具有长毛；冬季的毛长而且粗糙，主要为灰褐色，夏季时的毛为沙黄色；头部前额有较大片的黑色簇毛；眼较小；雌雄的角长 80 厘米左右，旋角羚的角相对来说比较细，分别向后外侧再向上弯曲，并略相似于扁的螺旋状。旋角羚还有一个容易识别的特征，在它们的前额处有一块比身体毛色要深得多的毛，而脸部的毛却又比身体上的毛还要白。

▶ 知识链接

在德国汉诺威动物园有一个很大的动物园种群，动物保护工作者希望通过将这些旋角羚种群重新放养到摩洛哥和突尼斯的一些地区，以帮助野生种群逐渐恢复。

## ◎关于旋角羚的故事

有一只长角羚名叫飞亲，它已经 5 岁了，连一个朋友也没有，它看见其他羚羊都跟自己的小伙伴们玩得快快乐乐的，于是它想：人家都有朋友，为什么我自己没有朋友呢？对了，我应该自己去找朋友。然后，它就出发了。

由于飞亲 5 岁了，所以它跑得很快。它飞速向前跑，跑了一会儿，飞亲发现自己已经在高山上了。刚开始，它就觉得路凹凸不平，还有很多石块，它又往前跑了一会儿。突然，在它面前，站着一只白色羚羊。白色羚羊死盯着它，然后，低下头，向它冲过来。这只白色大羚羊的名字叫油美。飞亲早就会抵架了，它也毫不示弱，也低下头，向油美冲过来。

油美抵挡不住，就说：你别再跟我抵了，我们两个做朋友吧！

飞亲说：好吧。可是我不知道你是什么怪羚羊？

油美说：我是阿拉伯大羚羊。我的名字叫油美，我 5 岁了，你几岁啊？

飞亲说：我的名字叫飞亲，我是长角羚，我们是同岁。我本来一个朋友也没有，你是我交到的第一个朋友。

油美说：太好了。我本来也是一个朋友也没有的，所以我才先提起这个要求。

飞亲说：那，我们俩就快点儿玩吧。

油美说：好吧！

它们就玩起了一个很好玩的游戏。它们玩得正欢，突然，油美听到了一阵强烈的蹄子撞击地面的声音。那个声音越来越大，"砰砰砰砰"，不停地变大。

油美说：你快听飞亲，有一个巨大的声音！

飞亲本来还以为油美跑开是认输了呢，没想到油美是听到了这个声音才停下的。不一会儿，就有一个不成样子的羚羊角出现在它们面前了。还没弄清楚状况，一只巨大的旋角羚就朝着它们俩冲了过来。飞亲也毫不犹豫，它也低下头，冲了过去。

旋角羚福斗和长角羚飞亲撞在一起，发出巨大的声音。砰！咣！福斗与飞亲使劲向前顶。油美在旁边看烦了，它也低下头，向着福斗和飞亲用角顶的中间部分冲了过来。又一个碰撞声响了起来。砰！油美稍微往飞亲那边儿凑了一下，因为有两只羚羊一起顶旋角羚福斗，然而它慢慢坚持不住了，它的腿在往后退，终于摔倒在了地上。福斗没死，可是它太累了。油美和飞亲连忙过去，摸一摸福斗。

飞亲说：我们别再打架了。你是什么羚羊？为什么你的角是旋转弯曲的？你几岁啊？还有你叫什么名字啊？

福斗只好开口了：我是旋角羚，我 5 岁了，我的名字叫福斗。

油美告诉它：我是阿拉伯大羚羊。我也 5 岁了，我的名字叫油美。

飞亲也接着说：我是长角羚，我们大家都是同岁。我的名字叫飞亲，我们做朋友，好吗？

好吧！福斗羞红了脸。

它们就互相顶来顶去，跑来跑去，还互相追逐打闹。突然，福斗停止了游戏。它失望地说：其实，这座石山，原来是旋角羚的地盘。可是，有一次，一群黑斑羚抢走了这片地盘。因为那群黑斑羚原来生活在非洲，它们那儿的草原狮子很少，所以，黑斑羚就不断地增多，最后，那里的草连一只黑斑羚都不够吃了，所以，它们就开始了遥远的大迁徙。它们看见了这座石山，觉得这里不错，就立刻来侵略我们旋角羚的地盘，打败了全体旋角羚，就成了这座石山的主人。

飞亲安慰它说："放心吧！我们以后是朋友了，有什么困难我们都会帮你的，说完后，旋角羚点点头。接下来，它们就继续玩游戏。"

## ◎生活习性及分布

旋角羚生活在沙漠地带，以草、树叶和其他灌木等植物为食。旋角羚不喝水，所以只能从它们的食物中获取水分。一般都是在夜晚活动，白天则栖息在自己挖掘的低洼地中。旋角羚具有很强的群居性，种群中既包括雄性，也包括雌性。常常由年长的雄性旋角羚率领群体，集体寻找食物。分布于冈比亚、阿尔及利亚并向东延伸到撒哈拉大沙漠。

※ 人工饲养的旋角羚

## ◎旋角羚的药用价值

旋角羚的肉为当地的居民所钟爱，皮主要用来做鞋子。羚角可以入药。羚羊角的药用价值：平肝息风，清肝明目，散血解毒；用于高热惊痫，神昏痉厥，子痫抽搐，癫痫发狂，头痛眩晕，瘟毒发狂，臃肿疮毒。由于旋角羚的价值所以才使得人们偷猎，然而非洲野外的旋角羚数量已经极度稀少，因此很多动物园都圈养了旋角羚，希望能对其进行保护。

---

**拓展思考**

1. 旋角羚与藏羚羊有哪些不同之处？

2. 旋角羚有什么生活习性？

# 似羊非羊——羚牛

*Shi Yang Fei Yang —— Ling Niu*

**羚**牛的体型介于牛和羊之间，牙齿、角、蹄子等更接近羊，可以说是超大型的野羊。它共有四个亚种，分布在喜马拉雅山东麓附近的密林地区。

羚牛是一种非常古老的动物，早在古代的《汉书》中，羚牛就被称为猫牛。羚牛角是珍贵的药材，性寒，可入药，不但能平肝气，还可以清热镇惊以及解毒，也可治内热、头痛、眩晕、狂躁等疾病。

※ 羚牛

## ◎外形特征

羚牛全身的毛色为淡金黄色或棕褐色。上体暗黄而染有淡褐色，四肢、腹部和臀部褐黑色，背中脊纹黑色，羚牛的躯体与角的大小及弯曲度也相对小一些，但是鼻骨的隆起要发达些。它的尾巴比较短，吻鼻部高而弯起，与羊非常相似。肩高于臀，角粗而弯向两侧。羚牛毛色的色泽因老幼而有所不同。老年个体为金黄色，背部不具有脊纹；吻鼻部四肢为黑色；然而幼体全身毛色为灰棕色。

> **知识链接**
>
> 羚牛是中国西部特产的珍稀动物。因躯体硕大，体重可达有300千克，外貌又像牛，因此当地的居民也称它为野牛。成年后，角向后扭曲，因而又称"扭角羚"。

## ◎生活习性

羚牛是一种喜欢群居的动物，常见于秦岭太白山，无论是针叶林还是混交林，或是竹林丛生处，都是羚牛随便活动的场所。活动范围大，常可扩及百余千米。由于羚牛喜群居，到了冬季大多数为 2～3 头的小群，夏季会集成 10 头左右、有时多达 30～50 头的大群。各群都是由雄牛带领。春季的高山仍然处于冰雪封冻的时候，牛群就会迁移到草木刚开始萌芽生长的低谷，等

※ 处于防备的羚牛

到夏季气温上升之时，就会再次迁到高山，进入冬季下起大雪时，又会迁移到山里过冬。气候属于温凉潮湿型，可避开低处的酷热及蚊、蚋、蠓、虻等昆虫的叮咬以及骚扰，在冰斗边缘的泥池和泥塘，有盐碱地可供它们舐食，从而可以满足大量草食、发情交配以及妊娠等生理节律所需的各种微量元素。植被和水源丰富，由蒿草、蓼科的草类组成建群种，还有西藏箭竹伏在地上像草甸一样的密集丛生，所以它的食物基地比较广阔，食物也非常丰富。羚牛常常在清晨和黄昏的时候食竹叶、草类，也会吃多种植物的嫩枝、幼芽，到了秋季则采食各种植物的果实。

## ◎分布范围

我国境内的羚牛主要分布于西藏以及云南，西藏分布区是在雅鲁藏布江中游"大拐弯"江岸以东，以墨脱县南部的米什米丘陵为中心；云南分布区位于西北部的高黎贡，其地形与西藏分布区相似，是沿着山脉延伸而来的。在国外见于印度阿萨姆和缅甸。

## ◎关于羚牛的传说

话说王母娘娘过生日开蟠桃会，天上的众仙都要给王母娘娘送礼，以免礼数不周，玉帝怪罪。玉皇大帝与王母娘娘年年收礼，收的礼物多了，也就不稀罕寻常物品。众仙为讨好玉帝和娘娘，就各显神通，搜奇猎怪，挖空心思地搜寻各种宝贝，这天界一年一度的蟠桃盛会也就成了各路神仙的斗宝大会。

有一年的蟠桃会前，天上众仙不敢怠慢，都在暗暗准备自己的礼物。福、禄、寿、喜四神结伴拜访去海外仙岛，没找到满意的宝物，心里十分

着急。后来他们求助太上老君，老君指点说，自己当年曾将青牛——羚牛遗落在秦岭。那秦岭面积广大，气势磅礴，高山密林之中必有奇异之宝，何不去人间找找？福、禄、寿、喜四神立刻出了南天门，来到秦岭，四处打听有什么宝物。

※ 雪中的羚牛

话说这莽莽秦岭实乃是中华国的南北分水岭，山中有数不尽的珍稀动植物，尤其是佛坪的大熊猫、金丝猴，洋县的朱鹮和柞水的羚牛，不仅美丽而且温顺，被民间合称为秦岭四宝。

听说秦岭有四宝，福禄寿喜四神兴奋不已。有了这四宝，这次蟠桃会我们四个就可以在众神面前好好地露一次脸了。四神做了分工：福神寻找大熊猫、禄神寻找羚牛、寿神寻找金丝猴、喜神寻找朱鹮，找齐后一起去南天门前会合，返回天庭赶赴王母娘娘的蟠桃盛会。

福神在佛坪找到了大熊猫，他看到大熊猫毛色黑白相间，头圆尾短，憨态可掬，只吃竹子，实在是活宝。就对大熊猫说："嗨，胖子，跟我一起去天堂吧！南海观音种的水竹可比秦岭的竹子好吃多了！"大熊猫信以为真，就跟着福神走了。

寿神也找到了金丝猴，金丝猴有着一副蓝色的面孔，全身毛色金黄如丝，非常美丽，形象也十分可爱。寿神就说："猴子，别在这吃五味籽了，我带你去王母娘娘的仙桃园摘仙桃吧，那仙桃又大又甜，吃了可以长生不老！"金丝猴一听，立马就兴奋地爬到寿神的肩膀上。

喜神在洋县看到了凤凰一般美丽的奇鸟朱鹮。他请朱鹮随他上天参加蟠桃会，并说蟠桃会如何热闹，王母娘娘如果看到如此美丽的朱鹮，一定会对它大加封赏。朱鹮说，那我就与你一起去看看。

只有禄神遇到了麻烦。不是他没找到羚牛，他一出南天门，就在羚牛谷看到了健壮漂亮的羚牛。一群羚牛正在卧牛潭边忘情戏耍，细看羚牛一个个牛角隆起向后扭转，粗壮黑亮，周身金黄毛色，光泽闪烁，雄壮威武。禄神走到潭边，邀请领头羚牛随他一起上天庭天参加蟠桃会，还说让玉帝封它为牛角将军。谁知领头羚牛却丝毫不为所动，坚决地回绝说："我们是下界食草之小民，喜欢过自由自在的日子。当年老子带着我的祖先到南天门，要带我的祖先前去天庭，并交代我的祖先许多天庭的戒律和制度，说是上班要签到，凡事须报告，婚育得办证，吃喝得开票……未等老子讲完，我的祖先就溜进了羚牛谷。千百年来，我们一直在这秦岭山中过着清净悠闲的日子，何等逍遥自在！那老子上天做了太上老君，后悔莫及，写下《道德经》，常常下界宣扬无为之道，劝世人看破名利，悟道求真。我们才不稀罕什么天官之禄，我们看不惯天官们对异类的颐指气使。你真要找的话，就去找那些愿意做天官的，这山中豺狼虎豹多的是！"

禄神心中暗叫惭愧：自己这般辛苦劳累，不就是碍于天庭礼数，不就是为了讨好玉帝和王母娘娘吗？我等天神还不是照样受玉帝的管束，还不如下界这羚牛活得自在！正犹豫间，福神、寿神和喜神分别带着大熊猫、金丝猴和朱鹮来到了羚牛谷。见禄神还在与羚牛相互争论，就一起劝羚牛上天受禄，羚牛却不为之所动，反问大熊猫、金丝猴和朱鹮为什么要去天庭，大熊猫说是要去尝尝南海的水竹，金丝猴说是想去蟠桃园，朱鹮说是想看看王母娘娘有什么封赏。羚牛就劝大熊猫、金丝猴和朱鹮，千万不要去天庭上当。羚牛说："大熊猫你天生就是吃箭竹的，水竹你吃了会难以消化；金丝猴你也别想进蟠桃园，当年孙悟空那么高的本领，只因偷吃了蟠桃，又不服玉帝责罚，大闹天宫，后来被如来压在五指山下五百年；朱鹮也不要认为你美丽就能得到王母娘娘的封赏，那王母娘娘嫉妒心很强，凡是比她漂亮的，她就会千方百计整治对方，嫦娥就被她打进广寒宫，寂寞孤单，整日后悔不该偷了丈夫的灵药去了天庭。"

大熊猫、金丝猴和朱鹮听了羚牛这番话，一起说："幸亏牛兄见多识广，不然我们都上当了！我们不去天庭了，这秦岭、这牛背梁多好呀，这就是我们的逍遥仙境，就是我们的天堂！"大家一哄而散，都要走，福禄寿喜四神眼看着煮熟的鸭子要飞了，懊恼不已。福神照着大熊猫的眼窝打了两拳，大熊猫成了黑眼圈；寿神指着金丝猴的鼻子骂了声"你这顽猴！"金丝猴从此就成了仰鼻猴。朱鹮见机飞得快，早飞远了，但是还是被喜神的拂尘扫了一下，渗出一块血来，成了红顶子。

---

**拓展思考**

1. 羚牛都有什么价值？
2. 羚牛与普通的牛有何区别？

# 美人鱼——海牛

*Mei Ren Yu —— Hai Niu*

**海**牛是哺乳动物，最长达到 4 米，体重为三四百千克，有的还会更大，外观颇像纺锤，头小而头骨厚；人一样的脸，有鼻有眼，但是眼睛却很小，眼后并且还有小耳孔；口里有牙齿，雄性的门齿，凸出在口外，臼齿就像圆筒，没有珐琅质。毛发短而稀，前肢像鳍，没有指甲，尾鳍为圆形。

海牛是很少见的一种海洋动物，有的人说它是鱼，也有的人说它是鲸，因生活在海里，又是用鼻子来呼吸的，所以才会引起人们的注意。然而，海牛却成了塑造美人鱼的原型。

野生的海牛多半栖息在浅海，从不到深海去，更不会到岸上来，每当海牛离开水以后，它们就像胆小的孩子那样不停地哭泣，"眼泪"就会不断地往下流。但是它们流出

※ 海牛

的并非泪水，而是用来保护眼珠，流出的是含有盐分的液体。海牛喜欢潜水，它们是用肺呼吸的，能在水中潜游长达十几分钟之久。它的肺脏、胸腔很大，自然肺活量相对来说也就会非常大。那么海牛是怎样呼吸呢？原来它的两个鼻孔都有"盖"，当仰头露出几乎朝天的鼻孔呼吸时"盖"就像门一样打开了，吸完气便慢条斯理潜入水中。平时总是慢吞吞不知疲倦地游动，有时也爱翻筋斗，但动作迟缓，然而这与笨牛没什么两样。但是，当它们在海上垂直地竖起来的时候，远远看去，还真像神话里的人身鱼尾怪物呢。

海牛是哺乳动物，它们平时都会吃一些海藻以及鱼虾为生。每年生一个孩子，在哺乳时，雌海牛用一对偶鳍将孩子抱在胸前将上身浮在海面，半躺着喂奶，这一点倒与传说中的美人鱼十分相似。幼儿吃奶时，要把鼻露外面，免得闷死；海牛的牙齿有很强的再生能力。前面的颊齿脱落了，

由后面的补充。一头成年的海牛，每天就可吃 50 千克海生植物，因而有"海洋清道夫"的绰号。南美圭亚那曾利用两头海牛清除了首都乔治敦市附近一条水道中的水草，最后为居民提供了充足的生活用水。

※ 休息中的海牛

传说"美人鱼"会唱歌，早在古希腊时代就已经在西方广泛流传了。其实海牛本身并不会唱歌，此谜不久前才被揭晓，那是美国海洋动物学家派恩和埃尔经过长期的水下观察才发现的。海牛是珍稀的海生动物，也是我国第一类保护动物。我国也早已把广西合浦沙田海域划为保护区。

▶ 知识链接

世界上有三种海牛，除了南非和西非各一种外，还有一种在大西洋热带海域沿岸，也就是在加勒比海西至墨西哥湾、西印度群岛一直到墨西哥东岸，所以被称为加勒比海牛或西印度海牛。我国的海牛大多数分布在台湾、广东、广西等东南沿海。据说"海牛"这一名称与哥伦布有关：有一次，哥伦布在航行途中捕捉到海牛，烹煮后品尝，发觉它的味道很像牛肉，因而得以此名。由于它肉味鲜美，在18世纪被大量捕杀，海牛肉成为不少餐馆的美味佳肴，甚至连它的尾巴也被当作美食。它的皮可以制革，脂肪还可以作燃料或者润滑剂，并且还是名贵的药材。

海牛的模样有"美人鱼"之说。其实，它的"面相"实在让人不敢恭维。正如航海家哥伦布在 1493 年的航海日记中写到："美人鱼"不像寓言中描写的那么惹人喜爱。它有两只深陷的小眼，没有耳轮，大大的鼻子连着上唇，隆然鼓起，两只可以闭合的鼻孔位于它的顶端；下唇稍微有些内敛，嘴边生着稀疏的短髭。前身

※ 结伴而行的海牛

两侧各有手臂似的，顶端外侧并且还有指甲，与大象有点相似，但是也没有任何用处。后肢退化，肥大的身躯向后渐渐缩小，末端有一似鱼尾鳍的扁平尾巴。

濒临灭绝的动物

## ◎海牛濒临灭绝

1493 年，哥伦布航行到加勒比海，多米尼加比亚克河河口，看到不计其数的海牛时，他在日记中说当时他都惊呆了。然而，加勒比海牛今天的命运就像我国的大熊猫，正在濒临灭绝。原来，海牛长期遭到捕杀。因为海牛肉细嫩味美，脂肪含有丰富的对人体有益的 DHA 和 EPA，还可以提炼润滑油，皮可以制作耐磨皮革，甚至肋骨也可作为象牙的代用品，全身是宝，这就是导致它灭绝的根本原因。

1973 年，美国等北美和拉美国家，都先后把它列为濒危动物名单，对其加以保护。但海牛仍然在逐年减少，除了人为偷捕，无意中杀害也很严重。比如美国佛罗里达沿海，因水质污染，连续几年发生赤潮，因此海牛也是死亡不断。

早年有报道说，海牛听力灵敏，但是近年来研究的结果证实海牛的听力较差。据资料报道，仅在佛罗里达半岛周围，每年都会被螺旋桨和高速快艇撞死的海牛达到了百多头。为了不使海牛成为昔日的恐龙，近年来，加勒比海周围各国除了划定海中禁捕区，还成立了各种宣传和保护海牛的"俱乐部"。据最近一次调查，加勒比海牛只有 2600 头，也有人说仅有千头左右。墨西哥政府赠送给我国的海牛，可见其珍贵程度。

## ◎海牛与"美人鱼"

海牛看似笨拙，实际上它非常灵活，在水中每小时游速可达 25 千米。这与陆生草食动物自卫能力差，却善于奔跑是极其相似的。海牛的前肢是运动器官，也能与躯体形成一定角度，托浮幼仔吮乳。雌海牛前肢基部腹侧有着一对乳房、位置与人很是相似。因海牛的乳房颇像人的乳房，雌海牛因哺乳幼仔，肥大的乳房常露出水面，这就成了航海水手眼花误认为"美人鱼"而流传至今。至于"美人鱼"常被描绘成头披长发的美女，这与海牛生活在海藻丛中，出水时头上披有水草有着一定的关系。

---

### 拓展思考

1. 海牛与普通牛主要有哪些区别？
2. 海牛怎样哺育幼仔？

# 国宝——大熊猫

*Guo Bao —— Da Xiong Mao*

大熊猫是我国的国宝，也是我国特有的物种，属于哺乳动物；也是世界上最珍贵的动物之一，数量已十分稀少，被列为国家一级保护动物。它是有着独特的、黑白相间毛色并且活泼可爱的动物，非常受人们的喜爱。

※ 大熊猫

## ◎外形特征

大熊猫的体形和熊有些许相似，都是比较肥硕的，但是大熊猫的身体胖软，而头圆颈粗短，四肢粗壮，头部和身体毛色黑白相间分明。头圆而且大，前掌除了五个带爪的趾外，还有一个第六趾。躯干以及尾部为白色，两耳、眼周、四肢和肩胛部全都是黑色的，腹部淡棕色或灰黑色。人们经常在没有休息好的时候，会出现黑眼圈，也就是熊猫眼，因此人们对大熊猫的那双八字形黑眼圈相当敏感，看着就像戴了一副眼镜一样，特别有趣。

▶ 知识链接

大熊猫是一种有着独特黑白相间毛色的活泼动物。大熊猫的种属是一个争论了一个世纪的问题，最近的 DNA 分析表明，现在在国际上普遍接受将它列为熊科、大熊猫亚科的分类方法，目前也逐步得到国内的认可。国内传统分类将大熊猫单独列为大熊猫科，它也代表了熊科的早期分支。

## ◎生活习性

大熊猫喜欢独自生活，并且能够日夜兼行。它们主要栖息在有迎风面的长江上游各山系的高山深谷中，那里的气候温凉潮湿，因此可以说它们是一种湿性动物。它们主要在坳沟、山腹洼地、河谷阶地等区域里活动，这些地方的环境条件非常好，食物和水源资源都非常丰厚。它们有时候也会吃其他的一些植物，比如竹子之类；有时也会吃一些动物的尸体，食量也很大。

## ◎分布范围

因为大熊猫是我国特有的种类，因而在我国的分布相当广泛，它们主要生活在中国西南青藏高原东部边缘的温带森林中，然而此地区的主要植物就是竹子。其余的全都分布在四川，在四川主要分布的县有平武、青川和北川等三县。

## ◎生长繁殖

大熊猫的择偶是有一定标准的，不是随便就可以交配。而且雌性大熊猫每年只会发一次情。通常它们交配的季节是在 3～5 月，时间为 2～4。怀孕期大约在 130 天左右。一般在同年的 9 月初产仔，通常每胎产 1 个小仔，有时候也会产 2 个小仔。在大熊猫幼仔出生几天到一个月之后，母熊猫会把幼仔单独留在洞中或者树洞里，自己出去寻找食物。有时候它们会离开两天或者更长的时间，但它并没有把幼仔给忘记，这是在养育幼仔过程中很自然的一部分。幼仔在 12

※ 大熊猫母子

个月左右就开始吃竹子了，但是在此之前，它们完全依赖于母亲。野外大熊猫的幼仔是非常脆弱的，随时都会有生命危险。

## ◎熊猫的传说

传说在很久很久以前，熊猫是全身雪白的，半点黑色也没有，就像白熊一样。一个名叫洛桑的姑娘在山上牧羊，她甜美的歌声让熊猫们如痴如醉，围绕在她的身边载歌载舞，洛桑姑娘手持羊鞭，也保护着熊猫。一天，熊猫突然遭到金钱豹的袭击。洛桑姑娘挺身而出，舞动羊鞭朝金钱豹抽去。金钱豹放开了熊猫，朝洛桑姑娘猛扑过去。熊猫们得救了，但洛桑姑娘却倒在血泊之中。当她的三个妹妹闻讯赶来时，洛桑姑娘已然与世长辞了。熊猫们身披黑纱，向洛桑姑娘致哀。

※ 两只打架的大熊猫

悲痛之声惊天动地，水汪汪的眼睛如溪如流。忽然，天空中闪现出万道霞光，金灿灿的那么耀眼。洛桑姑娘出现在云端，笑容可掬地对三个妹妹说："山上的野兽还没有消灭，我要永远屹立山中，保护大熊猫！"霞光消失后，洛桑姑娘与她的三个妹妹共同化为了四座高耸嵯峨的山峰。迄今，在卧龙自然保护区西北边缘，屹立着四座海拔 6000 米以上的高峰，俯视群山。那四座山，便叫作四姑娘山——洛桑姑娘和她的三个妹妹化成的高山。熊猫深深铭记着四位姑娘的恩情，永披黑纱，为此表示悼念。从此，熊猫的皮毛变成黑白相间，它的眼圈也哭黑了。四姑娘山，是熊猫保护神的象征。

| 拓展思考 |

1. 熊猫与熊有哪些区别？
2. 熊猫在我国有着怎样的地位？

濒临灭绝的动物

# 九节狸——大灵猫

*Jiu Jie Li —— Da Ling Mao*

**大**灵猫的体形比较大，并且体形为细长形，额部相对比较宽，吻部略呈尖状。体长 65～85 厘米，最长也可达 100 厘米，尾长 40 厘米左右，体重 6～10 千克左右。体毛主要为灰黄褐色，头、额、唇均为灰白色，身体的侧面分布着黑色斑点，背部的中间还有一条竖立起来的黑色鬃毛，为纵纹形直到尾巴的基部，两侧背的中部起分别有一白色细纹。颈侧到前肩分别有三条黑色横纹，其间夹有两条白色横纹，都为波浪形状。胸部和腹部为浅灰色。四肢比较短，为黑褐色。尾巴的长度超过体长的一半，基部有一个黄白色的环，并且它的尾是四条黑色的宽环以及四条黄白色的狭环相间排列，末端为黑色，因此"九节狸"是它的又一别称。

大灵猫分布在中国秦岭、长江流域以南除台湾省以外的华中、华东、华南、西南各省区，主要栖息于海拔 2100 米以下的丘陵、山地等地带的热带雨林、亚热带常绿阔叶林的林缘灌木丛以及草丛中。平时总是以独栖的方式生活，喜欢居住在岩穴、土洞或树洞中，白天休息晚上外出活动。活动时喜欢沿着人行小道或者是在田埂上行走，除了意外情况外，大多数仍然按照原来的路线返回洞穴，这种特殊的定向本领，正是靠它的囊状香腺分泌出的灵猫香来为自己引路。它在活动时，只要是它栖息地内的树干、木桩、石棱等沿途突出的物体，都会用香腺的分泌物经常涂沫，又称为"擦桩"，这种擦香行为起着领域的标记作用，也是与其他同类一种联系的有效方式。

▶ 知识链接

　　大灵猫的毛比较厚且密，它的底绒经过染色后可制作衣领、帽子等。灵猫香是贵重的香料，也可入药。因此每年捕猎量都超过种群繁殖的增加量；栖息地及灌丛、草丛生境多开垦种植作物、果、茶林，从而使它们的活动范围大大缩小；剧毒灭鼠药物的使用，导致了野生小型食肉类间接中毒。

　　大灵猫生性机警，听觉和嗅觉都极其灵敏，善于攀登树木，也非常善于游泳，为了捕获猎物经常涉入水中，但它们主要在地面上活动。它还是一种杂食性的动物，主要以昆虫、鱼、蛙、蟹、蛇、鸟、鸟卵、蚯蚓，以及鼠类等小型哺乳动物为食，也吃一些植物的根、茎、果实等，有时也会潜入田间和村庄，偷吃庄稼以及家鸡和猪仔等。捕猎时通常会采用伏击的方式，有时将身体没入两足之间，像蛇一样爬过草丛，悄悄地接近猎物，突然冲出来进行对其捕获。

大灵猫的经济价值非常高，毛皮可制裘；分泌的灵猫香是香料工业的重要原料，并且对抑制鼠害、虫害也有重要作用。

大灵猫已被列为国家二级保护动物，但是仍然缺乏有效的保护措施。在大灵猫分布区内，已建立不少国家级及省级自然保护区，较著名的有江西石城鸡公山保护区。

## ◎大灵猫的芳香之谜

※ 大灵猫

这里是中国南部的一处山林，这里没有鲜花盛开，却是一块常年飘溢着芳香的神秘宝地。难道是在瑶池沐浴过的仙女下凡了？要不就是哪户的大家闺秀来到此地打倒了香水瓶？进山林寻找芳香之源，却只是找到一种叫大灵猫的动物。

这种动物的嗅觉非常灵敏，而它经常闻到的是一种久飘不散的清香气味儿，这使它经常体会到山林生活的舒适感。长期以来使它不明白的是，当它与众多同伴们聚会在一起的时候，都会遭到猎人的枪击，它曾见到猎人们捡走同伴尸体时那种高兴劲，却一直不知道，许多猎人热衷于捕猎它们这类动物的原因所在。不过，它已经发觉，当众多大灵猫集聚时，的确是特别容易遭到捕猎。从此它与同伴们都一致订了个规矩，为了大家的安全，不得不各自单独活动，决不轻易汇聚到一起。此刻，一只雌性大灵猫，静悄悄地蹲在了可以被浓密的枝叶遮挡的横枝上，以它灵敏的嗅觉欣赏着飘散在林子里的清香气味儿。

当它闻到了有蛇、蜥蜴的气味混杂在芳香味中时，立即根据异味飘来的方向，很快搜索到猎物而将它们就地吞食掉。已经饱餐了一顿的大灵猫这时感到一直这样独居实在是太寂寞了，去与同伴聚会它仍感危险，想了想后，它决定去与其他友好的动物一起玩耍，也享受一下生灵聚会时的那种交谊共聚的欢乐气氛。

走了一些时候，它闻到了一股骚气，顺着气息传来的方向，它找到了猴山上的一群猴子。越是走近它们，那股骚气就越大。为了享受众生灵聚会的欢乐，大灵猫只好忍耐着。可是，当它与猴朋友们近距离相聚时，猴朋友们都会异口同声地惊叫："好香！好香啊！"这就怪了，大灵猫明明闻到了浓浓的猴骚气，它们却惊叫"好香"，难道它们的鼻子果然与我们的构造不同吗？当大灵猫已经被猴骚气味儿呛得实在受不了啦，连忙与猴们告别准备离去时，却被几只猴哥猴弟们紧紧地拉住，说是："灵猫姐！你真是神得很啊！你一来，我们就闻到香喷喷的，你一离开我们这儿就香不起来了！""真那么神吗？"没有被挽留住的大灵猫结果仍是快步离开了猴山，它庆幸自己不再受到猴骚气的刺激。一路上它老是在想，难道我真的与什么香气有什么不解之缘吗？

回到住处的大灵猫，在一处清泉喝过水后，又跑到住地一角去大小便，解完之后，它仍按照平时养成的好习惯，用爪子抓刨些泥土，把嗅气难闻的屎尿覆盖得严严实实，那股久飘不绝的清香味儿再次环绕在了身边。

"啊！"它终于悟出，自己与清香气味有不解之缘，原来是因为自己讲究卫生，就连解手也有专门地点，而且有以土盖屎尿的好习惯。那些猴朋友们绝对是到处拉屎撒尿而不知随即覆盖干净，当然就免不了成天骚味哄哄了！这只大灵猫嫌猴子们有股难闻的骚气，好长时间没到猴山去玩。它宁愿躲在枝稠叶多的树上睡觉养神也不想再到猴山去了。

有一天，当大灵猫睡过午觉醒来时，忽然发现自己已经被许多毛茸茸的什么野物包围了。当它定睛仔细一看时，才知并非猛兽而是老友猴哥们。这几只猴子都是一样的姿势趴在枝杈上围在它的身边，并以头部朝着大灵猫的身子。等大灵猫醒来时，它们仍是以头部凑近大灵猫而馋兮兮地不断皱着塌塌的鼻子。大灵猫问它们究竟在干什么时，它们才说，是因为对大灵猫已经想念多日，特来拜访，主要是由于在大灵猫身上都在散发浓浓的香气。这时大灵猫才恍然大悟，原来自己与香气有缘，主要是因为自己身上时常都在散发着香气。

自此，大灵猫终于明白，以往为什么它与同伴们聚集时都会遭到猎人攻击的原因所在：因为身上带香气的大灵猫集聚时香气会更加浓重，所以就更能引起猎人的追踪和捕捉。

大灵猫知道自己身上常带香气后，有时为此感到兴奋，有时也为此感到发愁。兴奋的是有了香气的优势后，不但能自己常闻芳香，并且还能因芳香而多结交各种各样的朋友；发愁是因为芳香却已使大灵猫成为猎人追杀的目标，一旦疏忽大意必然会遭到捕杀。想到芳香带来的副作用时，大灵猫真想把自己变成浑身都是臭烘烘的。

大灵猫浑身带香味已是个客观存在，那些猎人热衷于捕杀大灵猫正是因为它的皮毛肉确实含有大量的芳香分子，经提取后取得的精华不仅可以入药治病，并且可以制成人类所需的高级香料。于是大灵猫又多了一个美名"麝香猫"，它也因此而身价倍增，它的安全越来越受到严重威胁了。大灵猫的芳香美名不但传闻于人间，而且也已经被许多的兽类所知晓。许多自身骚气十足的野兽，都不约而同地成为对麝香猫的追逐者，可能它们都是认为，吃了麝香猫的皮肉之后，自己就能消除浑身的骚气吧。

大灵猫已经处在猎人与兽类共同捕杀的极其危险的处境之中。这只与猴子等动物结为友好的大灵猫在与另一只雄性同伴交配后，终于一次生下了五个幼仔，而要保住它们的生存，实在太难太难了。这只雌性大灵猫便与它的交配伙伴，日夜在山林中守卫着小宝宝们，为了这神圣的使命它们忘了吃饭睡觉，熬得身体逐渐也消瘦了不少。急于要吃到大灵猫皮肉的要数自认为身手不凡的金钱豹了。一天晚上，圆月高挂天空，这对大灵猫一只在树上，一只在地面，共同守卫着宝宝们，在圆月辉映下，它们共同体验着全家大团圆的美好时光。

就在这时，两只大灵猫都分别闻到了有一股骚气飘散而来。它俩同时加强了戒备。果然，已经有几只金钱豹鬼鬼祟祟地从几个方向窜进了山林，很快就包围了大灵猫的芳香幸福家庭。这群金钱豹认为它们不但比大灵猫个头大，而且在数量上完全占着优势，将大大小小芳香活物分而吃掉绝不是问题。狡猾的金钱豹一分为二，有的留在地上袭击雄大灵猫，有的爬到树上攻击雌大灵猫。上上下下同时摆开了战场。

当豹子们尚未向对手伸爪张口时，两只大灵猫都已经以肛门瞄准了仇敌，"嗵嗵嗵"使用了一阵"化学武器"，于是一股股黄色分泌物喷向了豹子们的嘴脸。闻到臭气的豹子有的后退，有的昏晕，有的从树上摔了下来，大灵猫在使用"化学武器"的基础上，又加上了爪抓口咬。没有吃上香皮香肉的这群豹子却尝到了奇臭攻击，然后纷纷狼狈逃窜。

大灵猫拥有"化学武器"已由多位博物学家所证实。能够从大自然食物中提炼芳香的大灵猫，还能在将芳香物输送到一定的芳香储存位置的过程中，同时把所过滤出的副产品——奇臭有毒异物凝聚成黄色液体，保存在肛门附近的特殊腺体之内，这种分泌物与芳香物性质完全相反，不仅奇臭难闻，并且还能使闻到此气味的生物立即昏晕过去。大自然的公平造化，为可贵的芳香动物也会及时地配备了先进武器。

| 拓展思考 |

1. 大灵猫与小灵猫有哪些区别？
2. 大灵猫具体有哪些价值？

# 灵长动物——金丝猴

*Ling Chang Dong Wu —— Jin Si Hou*

中国金丝猴分川金丝猴、黔金丝猴和滇金丝猴。除此之外还有越南金丝猴和缅甸金丝猴两种金丝猴。都已被列为国家一级保护动物。

金丝猴鼻孔大，上翘；唇厚，无颊囊；背部的毛长发亮，颜色为青色，头顶、颈、肩、上臂、背以及尾的毛为灰黑色，头、颈和四肢内侧的毛均为褐黄色，毛质十分柔软。因其鼻孔极度退化，使鼻孔仰面朝天，因而又有"仰鼻猴"的别称。

金丝猴主要在树上生活，同时也会在地面找东西吃。以野果、嫩芽、竹笋、苔藓植物为食。有时食树叶、嫩树枝、花，也吃树皮以及树根，也爱吃昆虫、鸟、和鸟蛋。

※ 金丝猴

## ◎黔金丝猴

黔金丝猴又被称为灰仰鼻猴、白肩猴、牛尾猴、白肩仰鼻猴。它是属于灵长目、猴科、仰鼻猴属，此种类是一种比较大的猴子，一般体重都在 15 千克左右。仅在贵州的梵净山有分布。

※ 金丝猴母子

数量稀少，非常珍贵，已列为中国一级保护动物，同时也是世界上濒危的物种之一，被称为"世界独生子"。

## ◎外形特征

黔金丝猴的身体为灰色，它的吻鼻部稍微有些向下凹。脸部为灰白或浅蓝色，鼻眉脊呈浅蓝色。前额的毛基大部分为金黄色，后部为灰白色。两肩之间有着明显的白色块斑。颈下、腋部及上肢内侧为金黄色，股部为灰黄。体背为灰褐，从肩部沿四肢外侧到手背以及脚背渐变为黑色。幼体的颜色要淡一些，全身为银灰色，头顶为灰色，但四肢的内侧为乳灰色。

※ 黔金丝猴

## ◎生活习性

黔金丝猴主要是在树上活动，喜欢结群玩耍，每一群都是几只到几十只不等的，每个群的大小随四季的变化而变得有所不同。它们主要是以多种植物的叶、芽枝、果实及树皮为食。黔金丝猴通常在树上坐着、走动、攀爬、跳跃等，它们在正常活动下的叫声是十分甜美的，听了让人感到很舒服，它们的生活是多么的自由自在。黔金丝猴天生机警灵敏，对比较特别的响声非常敏感，一旦有响动，就会立刻逃跑，它们最潇洒的动作就是用单臂抓住树枝，以悠荡的方式进行前进。黔金丝猴主要栖息在常绿阔叶林、阔叶混交林等地方，活动的海拔高度比川金丝猴要低得多。

▶知识链接

金丝猴的濒危原因：主要是滥猎供作毛皮用。据在云南德钦县霞若区调查，70年代该区滇金丝猴估计不下1000只，但1971～1981年猎杀统计数达430多只，到现在仅剩下200多只。同时还由于森林不断采伐、毁林开荒以及放牧，严重地破坏到了它们的栖息环境而导致社群分割，一些小的社群最后遭到猎捕或被当做其他动物的食物。

濒临灭绝的动物

## ◎分布范围及种群现状

黔金丝猴只分布在贵州省境内武陵山的梵净山。现在的具体分布地点主要在江口县的月亮坝、柏枝坪；松桃县的泡木坝、田家坝、白云寺、牛凤包；印江县的亚盘岭、淘金河上游以及护国寺。

## ◎滇金丝猴

虽然名为"金丝猴"，但实际上却没有金黄色的毛。滇金丝猴是世界上栖息海拔高度最高的灵长类动物，并且被人们发现的很晚，它们是国家一级保护动物，也是世界级珍奇，是我国特有的珍稀濒危动物。

## ◎外形特征

滇金丝猴的体毛棕黑发亮，皮毛以黑、白色为主。头顶有尖就像黑色冠毛的形状，体形与川金丝猴相比，显得稍微大些。滇金丝猴喉、胸、臀部的白毛与头、背、四肢外侧的黑毛形成鲜明的对比，雌性个体要比雄性小。它们的头顶长有尖形黑色冠毛，眼周与吻鼻部为青灰色或肉粉色，鼻端上翘为深蓝色。身体背面、侧面、四肢外侧，手、足，和尾的体毛全为灰黑色。背后具有灰白色的稀疏长毛。在臀部的两侧有着长约30~45厘米的臀毛。尾较粗大，与体长相当。它们的嘴唇红润宽厚，并且还有着一双漂亮的杏眼，微微上翘的鼻子，看上去非常可爱美丽。

※ 滇金丝猴

## ◎生活习性及分布范围

滇金丝猴是至今发现的栖息海拔最高的灵长类动物，一般都是在高山暗针叶林内活动。滇金丝猴没有明显的季节性垂直迁移现象，活动的范围与猴群的大小会变得有所不同。它们是典型的家庭生活方式，通常由一只雄猴，2～3只雌猴，数只小猴组成的家族群，多个家族群一起活动。家庭成员们之间都是互相关心，互相照顾，经常可以看到它们在一起玩耍、打闹、觅食和休息。滇金丝猴主要吃针叶树的嫩叶和越冬的花苞及叶芽苞，也会吃松萝以及桦树的嫩枝芽及幼叶，有的月份也吃箭竹的竹笋和嫩竹叶，还喜欢吃一种叫做"松萝"的地衣类附生植物，为了补充蛋白质，它们还会下到地面上去寻找一些昆虫及其幼虫来食。

滇金丝猴的分布范围比较小，只有在中国的云南西北部、西藏西南部有分布。在比较集中的分布区已建立了白马雪山、哈巴雪山、盐井等自然保护区。

## ◎川金丝猴外形特征

川金丝猴头顶的正中有着一片向后越来越长的黑褐色毛冠，两耳长在乳黄色的毛丛里，一圈橘黄色的针毛衬托着棕红色的面颊，胸腹部为淡黄色或白色，臀部的胼胝为灰蓝色，雄兽的阴囊为鲜艳的蓝色，从颈部开始，整个后背与前肢上部都披着金黄色的长毛，细亮如丝，色泽向体背逐

※ 川金丝猴

渐变深，最长的达50多厘米，在阳光的照耀下金光闪闪，就好像一件雍容华贵的金色斗篷。

## ◎生活习性

川金丝猴通常成群游荡，各群都有一定的活动范围与相对稳定的路线，周年来回迁移寻找食物。以树叶、野果、嫩枝芽为食，甚至连苔藓植物也会吃一些。其种类主要分布于四川、甘肃、陕西和湖北。

母爱在灵长类中显得非常明显，母金丝猴会无微不至地关心和疼爱自

己的孩子，尤其在哺乳期，母猴总是把小猴紧紧地抱在胸前，或是抓住小猴的尾巴，丝毫不给予它玩耍的自由。

由于长期滥捕滥杀是金丝猴濒危的主要原因之一；同时采伐也彻底地破坏了它们赖以生存的栖息环境，造成分布不连续并且分布范围逐渐缩小，最终导致绝迹；还有就是毁林开荒，林中放牧，缩小了它们的生存环境。

## ◎金丝猴的真实故事

在过去，秦岭山的全体村民都参与围剿金丝猴，当时有大批猴子已经落网，其中有个猎人追赶一只母猴，将母猴逼到一片空旷地带。母猴到了走投无路的地步，它背着自己的孩子，怀里还抱着另一只母猴留下来的遗孤，空地中央有一棵树，母猴带着两只小猴爬上了树。树不大，不足以庇护它们，它们完全暴露在猎人的枪口之下。猎人举起了枪，准备射击了，这时母猴向猎人指指自己的乳房，于是两只小猴一"人"叼住一个奶头，吸吮着吃奶，母猴将小猴紧紧地搂在怀里，显出依依离别之情。不谙世事的小猴吸了几口奶便不吸了，母猴将它们放在了高高的树杈上，摘下很多树叶，将剩余的奶水，一滴滴挤在了树叶上，摆放在小猴能够触及的地方。母猴将自己的奶水挤得干干的，等它认为该做的都做完了，然后转过身面对着猎人们的枪口，双手将自己的脸捂住了，静静地等待着死亡。

猎人的枪放下了，在他的眼中，眼前的生灵已不是猴子，而是一位母亲。谁也不能对着母亲开枪！从此以后，猎人便不再打猎了。

---

| 拓展思考 |

1. 金丝猴主要有哪些种类？
2. 金丝猴与普通猴子有哪些相同点？

---

濒临灭绝的动物

# 美丽的白唇鹿

*Mei Li De Bai Chun Lu*

白唇鹿是鹿类中体形比较大的一种，又叫做岩鹿、白鼻鹿、黄鹿，体型的大小程度与水鹿、马鹿有些许相似。白唇鹿的唇周围与下颌都是为白色，它们是中国特产的哺乳动物。白唇鹿是一种典型的高寒地区的山地动物，已被列为国家重点保护的野生动物，白唇鹿的药用价值非常高，全身上下都是宝。不但肉可以食用，

※ 白唇鹿

皮能制革，鹿茸、鹿胎、鹿筋、鹿鞭、鹿尾、鹿心以及鹿血都是非常名贵的药材。

## ◎外形特征生活习性

白唇鹿的体形非常高大，体长约2米，站立时，它的肩部略高于臀部。耳朵长并且比较尖。雄性白唇鹿具有角，角的主干为扁平，因此也称它们为"扁角鹿"。雌鹿没有角，鼻端部分裸露，上下嘴唇、鼻端四周以及下颌终年为纯白色；臀部具淡黄色块斑；全体被毛所覆盖并且十分厚密，毛粗硬并且没有绒毛，毛色在冬夏有明显的差别。

白唇鹿非常喜欢群居，群体的规模大小因季节与栖息环境的不同而变得有所不同。这与鹿科的其他种类都极其相似，也就是一般在植物比较密集的环境中通常都是分散着活动或者结成小群，而一般在开阔的地带通常会形成一大群活动。

白唇鹿以禾本科和莎草科植物为主要食物，同样也是随着栖息地环境的不同而不同。它们主要集中在早晨和黄昏的时候活动，白天大部分的时间都会卧伏在僻静的地方休息。在气温比较高的月份，主要生活在海拔较

高的地区，到了九月份以后就会随着气温的下降，而又缓慢地迁移到比较低的地方生活。一旦受到惊吓，雄鹿就会往高处跑，而雌鹿就会向比较低的地方跑。

▶ 知识链接

　　白唇鹿的主要食物为禾本科以及莎草科植物，但随着栖息环境的不同，然而它们的食物比例以及成分都会有所改变。白唇鹿每年繁殖一次，在秋季末期交配，次年的夏季产下幼仔，在交配季节，雄鹿之间争偶比较激烈，常常会有茸角被碰断的现象。

## ◎分布范围

　　白唇鹿只在中国有分布，主要分布在青海、甘肃及四川西部、西藏东部。四川分布自南坪向南到汶川，向西经过宝兴、九龙至木里一线的川西北青藏高原延伸部分，约计有 28 个县；甘肃分布在西部肃南、肃北及祁连山东部甘南玛曲县；青海分布在祁连县以西的祁连山地区到昆仑山以及唐古拉山之间的玉树州；在西藏可可西里只见于东南部沱沱河沿到乌兰乌拉山东端之间，保护区外围的通天河岸、杂日尕那等地也都有白唇鹿的踪影。

## ◎白唇鹿的繁殖

　　白唇鹿的繁殖期为每年一次，在 9~10，孕期约 8 个月，次年 5~6 产仔。每胎产一仔，幼鹿身上有白斑。3~4 岁逐渐性成熟，寿命约 20 年。雌鹿 3 岁就能进行繁殖，而雄鹿一般要到 5 岁才能与雌鹿进行交配。白唇鹿的长茸、脱角都是每年进行一次。产量较高，是名贵的中药材。

※ 白唇鹿

　　经过考察表明，成年的白唇鹿平时雌雄都是分开活动，只有在交配季节快要到来的时候，才会集群，然后从暖季栖息地向着越冬栖息地迁移，并且最后还会组成交配群。但各交配群之间界线很明显，由主雄支配全群其他成员。交配期约 80 天左右，交配较频繁期为 9～10 月下旬，共 24 天。

## ◎伟大的母爱

有一天，猎人如往常一样步入森林打猎。正要经过一条小溪的时候，突然看见小溪对面的树林下站立着一只白唇鹿。他眼睛一亮，迅速拿起弓箭瞄准了它。而这时，白唇鹿也看到了他。奇怪的是，白唇鹿在危险的紧要关头，并没有选择逃离，而是用乞求的眼神望着他，冲着他缓缓地跪了下来。与此同时，也有两行热泪从它的眼里流了出来。墨脱流传着一句妇孺皆知的谚语：世上万物都是有灵性的。此时白唇鹿给他下跪，无疑是求他饶命的。猎人是个从猎多年的老手，自然不会对白唇鹿心存怜悯。他毫不犹豫地拉开了弓，一箭射中了白唇鹿的脖子。顿时，鲜血如注，白唇鹿栽倒在地。它倒地后仍是跪卧的姿势，脸上的泪迹清晰可见。

猎人有些疑惑了，白唇鹿为什么要下跪？他以前狩猎可从来没有见过这样的情景。猎人走近白唇鹿，只见它已经死了，并且神情显得格外悲伤。令猎人惊奇的是，白唇鹿身下还有一只刚出生不久的小白唇鹿，它蜷缩在母亲的怀里，两只眼睛惊恐地看着走近它的老猎人。这时候，老猎人明白了白唇鹿为什么不肯逃走，也明白了它为什么要弯下身子为自己下跪：它已经下定决心用生命来保护自己的孩子！

这是多么无私的母爱！

猎人的内心受到极大的撼动，他感到万分难过与内疚。他在树林边挖了个坑，将那只白唇鹿掩埋了，同时埋掉的还有他的强弓和利箭……

从此，这个老猎人在墨脱的丛林里消失了。多年以后，在藏区一个有名的寺庙里，人们发现了一个老喇嘛，他每日早早起来，打扫干净庙宇周围的落叶，给庙里的长明灯填满酥油，做完这些事后，他就会沿着庙宇虔诚地磕头，一圈一圈又一圈……一只漂亮的白唇鹿在他身边跑前跑后，形影不离，并且与老人十分亲密。

| 拓展思考 |
| --- |

1. 白唇鹿为何大量减少？
2. 白唇鹿的主要价值有哪些？

濒临灭绝的动物

# 魁梧的双峰驼

*Kui Wu De Shuang Feng Tuo*

双峰驼，又叫野骆驼。主要生活在草原、荒漠、戈壁地带。一般喜欢群居，白天活动比较频繁，没有固定的场所。嗅觉灵敏，耐饥渴、高温、严寒，并且抗风沙，善于长途奔走；主要以野草及各种沙漠植物为食；有非常强的耐渴能力；在不同的气候环境中可以调节自

※ 可爱的双峰驼

身的体温，以适应环境的变化。双峰驼是具有多种经济性以及生产性的畜种。驼绒是最好的纺织原料，可以用来制作高级精纺呢绒等面料。野双峰驼家养数量很多，但是野生数量一直很少。再加上沙漠化逐渐严重，沙生植物日渐稀疏，及人类猎杀等各种因素，野生双峰驼更是十分罕见。我国已把它们列为国家一级保护动物，禁止对其进行捕杀。

▶ 知识链接

柴达木双峰驼是能充分利用荒漠、半荒漠草场的唯一畜种，对荒漠地带的自然环境有着惊人的适应性，具有耐粗饲、耐饥渴、耐酷暑严寒、抗风沙等特点。柴达木双峰驼用途比较广泛，不但可以产绒毛，还可以产肉、奶，并能当做运输工具使用等，素有"沙漠之舟"的美称。

## ◎外形特征及生活习性

颈长并且弯曲，背部有两个峰，腿细长，两瓣足就像盘子似的。毛色为单一的淡灰黄褐色。鼻孔大而斜开，启闭自如，并且双峰驼的鼻孔周围短毛很多，主要作用就是过滤风沙。耳朵比较小且平贴，耳毛比较密集，从而风沙不容易进到耳朵里。眼睛向外突出，有着双重眼睑，下垂的睫毛又密又长，从而保护眼睛不受阳光直射以及风沙吹袭。如果沙尘进入眼

后，由于瞬膜和泪腺比较发达，很快就会把表面上的沙尘给冲洗掉。

在夏季的午间时，双峰驼的体温就会升高，然而它就会把多余的热能暂时储存于体内，以节约散热所需的水分以及其他的生理资源，一直等到夜晚气温的骤然降低时才慢慢散发出白天储存的热量，从而使体内能量得到合理支配使用。

※ 成群的双驼峰

双峰驼的采食范围广泛，在采食过程中，颈长弯曲抬头就可以吃到 2 米高的枝叶，低头可啃食地面极低的小草，再加它上唇分裂为两瓣，启动灵活能伸展成锥状，牙齿坚硬，口角以及两颊有角质化的乳头，咬肌发达，所以能大量采食粗硬的灌木以及顶端有针刺的植物。

## ◎分布范围

双峰驼原产在亚洲中部土耳其、中国以及蒙古。世界上野双峰驼仅分布在四个区域，其中三个在新疆境内，即罗布泊无人区、阿尔金山北麓地区和塔克拉玛干沙漠，另外一个在中蒙边境外阿尔泰戈壁。四个分布区都处于干旱和极端干旱区，环境非常恶劣。现在的野双峰驼仅存 700～800 头，数量比大熊猫还少。

※ 休息中的双驼峰

## ◎双峰驼的故事

远古时有一头雄壮的中年双峰驼，它心爱的白色母驼在它抵御狼群侵略回来时不见了，永远告别了它。听说在它与狼群拼死搏斗的时候，母驼被商人贩卖到遥远的东部地界。这头公驼就奔跑着、咆哮着苦苦寻找自己的"爱人"。当它得知，心爱的母驼已经遭遇到不测时，骤然驻足向着东部的地界痛哭哀鸣，这个奔腾的姿势不知保持了多少年。岁月流逝，沧海桑田，造山使者被骆驼这种忠于爱情的精神而感动，所以就隆地为山，公驼飘扬的神情即刻凝为一尊壁画风景，供世人瞻仰，令世人汗颜，这就是阿拉善的一处颇为神奇的自然景观"公驼峰"，这也是关于骆驼爱情的最好注解。

---

**拓展思考**

1. 双峰驼与普通骆驼有何区别？
2. 双峰驼有什么生活习性？

# 水中珍宝——白鳍豚

*Shui Zhong Zhen Bao —— Bai Qi Tun*

白鳍豚属鲸类淡水豚类，是中国特有珍稀水生哺乳动物，有"水中大熊猫"之称，或许它是世界上最濒危的鲸目动物。

## ◎白鳍豚基本概况

　　白鳍豚是一种类似海豚而生活在江湖中的淡水哺乳动物，是鲸类家族中的小个体成员，身体类似于纺锤形，全身皮肤裸露无毛，具长吻。白鳍豚已存在有 2500 万年，由于其种类的数量非常稀少，白鳍豚不仅被列为中国一级保护动物，也是世界上 12 种最濒危动物之一。

※ 白鳍豚

　　白鳍豚主要生活在长江中下游以及与长江相连通的洞庭湖、鄱阳湖、钱塘江等水域中，通常成对或十余头在一起，喜欢在水深流急处活动。白鳍豚生性胆小，很容易受到惊吓，一般都远离船只，与白鳍豚很难接近，再加上其种群数量非常少，活动区域广阔，所以在野生状态下对白鳍豚的研究也就相当有限。白鳍豚喜欢生活在江河的深水区，很少靠近岸边和船只，但它时常游弋到浅水区，追逐鱼虾当做食物。经常会在晨昏时游向岸边浅水处进行捕食，一般都是整条吞食，通常是以体长小于 6 厘米的淡水鱼类为主要食物，偶尔也会补充少量的水生植物和昆虫。

濒临灭绝的动物

白鳍豚皮肤光滑细腻，富有一种特殊的弹性，原理与竞赛式游泳衣着中使用具有弹性的尼龙织料相同，能够减少在水中快速游动时身躯周围产生的湍流。它的尾鳍扁平地分为两叉，两边的胸鳍呈扁平的手掌状，背鳍呈三角形。这四鳍为白鳍豚提供了优良的水中游动时方向与平衡的掌控作用，再加上光滑高弹性的皮肤以及流线型的身躯，白鳍豚在逃避危险的情况下每小时可以达到 60 千米的游速。

## ◎生长繁殖

　　白鳍豚 2 年繁殖一次，每胎 1 仔，刚出生后的幼体长约 80 厘米左右。新生幼体体色略深，成年白鳍豚一般背面为浅青灰色，腹面主要为洁白色，在阳光的照耀下特别光亮。水平伸展的鳍肢和尾鳍上下两面分别与背面以及腹面为同种颜色，这样的颜色分布恰好与环境颜色相符合。当由水面向下看时，背部的青灰色和江水混为一

※ 水中嬉戏的白鳍豚

体是很难分辨的；当从水底向上看时，白色的腹部与水面反射的强光的颜色相近，同样也很难被发现。这使得白鳍豚在逃避敌害、接近猎物时，也就有了天然的隐蔽屏障。

## ◎价值及濒危因素

　　白鳍豚是研究鲸类进化的珍贵"活化石"，它对仿生学、生理学、动物学和军事科学等都有着很重要的科学研究价值。

　　长江下游水域中意外死亡的白鳍豚，有 1/3 是被轮船螺旋桨击毙的。还有使白鳍豚锐减的另一个主要原因是由于长江水体污染日趋严重，从而鱼类资源迅速减少，使白鳍豚赖以生

※ 长江白鳍豚

存的食物资源也越来越缺乏。有害渔具、电捕鱼操作、船桨击打、修建水

库、河流淤泥沉淀以及污染等等，都对白鳍豚的数量急剧下降起到了加速的作用。

## ◎白鳍豚的故事

1980 年 1 月 12 日，在洞庭湖口被渔民误捕到一只白鳍豚，那时它只有 2 岁。它的脖子上至死都有被大铁钩子勾上岸时而留下的两个深深的大洞。离开长江后将它送往中科院水生所为它建的一个大房子里的水池中，并为它取名为"淇淇"，因此白鳍豚淇淇所居住的地方人们戏称为"白公馆"。

白鳍豚与我们人类一样，是哺乳动物，所以和我们人类得的病差不多。1996 年，淇淇就得了非常严重的肝坏死，有一个月它什么都不吃，科学家们买来大鱼，把刺弄出来，把肉打成浆用水调和后给它吃，希望留住它的生命。当时这个消息惊动了国际动物学界，各国专家为了它而出主意、想办法。靠中西医结合治疗整整四个月后，淇淇终于康复了。

每年的 3～6 月是白鳍豚的发情期，中科院水生所的科学家们一直想为它找一个"新娘"，后来，又捕到了一头白鳍豚，取名为"珍珍"。起初科学家们并没把它们放在一起，而是分放在两个池子里，两个池子中间有一个有水的通道。两头白鳍豚在里面可以交换信息。

开始两头豚都非常紧张，不吃东西。后来就慢慢往过道边上游，你看我，我看你，好像是在互相观察。工作人员在它们中间放了一个水听器，放在水下能采集信号，结果真发现了很多信号，其中一种是相互之间通信用的呼唤声。

一天早上，科学家们发现珍珍游到淇淇的池子里去了。它刚游进去时，淇淇非常紧张，就在一个小地方转，不搭理珍珍。这样持续了两三天，它们慢慢比较熟悉了。遗憾的是，那时珍珍未达到性成熟，还不具备交配的能力。

还有和珍珍一块捕到的还有"连连"——珍珍的父亲。珍珍刚被捕上来时，不习惯人工饲养的环境，不吃东西，曾经有几天，它已经没有力气游出水面呼吸了。连连尽管自己也在绝食，却还是用尽力气把珍珍的头托出水面，让它呼吸，以免被憋死。过去很多年后，水生所的科学家们还在说，那情景让人看了还真的是很感动。

| 拓展思考 |

1. 白鳍豚与海豚的区别是什么？
2. 海豚是我国几级保护动物？

# 中华古猫——华南虎

*Zhong Hua Gu Mao —— Hua Nan Hu*

华南虎又叫做厦门虎、中国虎或南中国虎，它是虎的一个亚种，生活在中国的南部，是虎现存所有种类中最为濒临灭绝的一种，被我国列为国家一级保护动物。

## ◎外形特征及生活习性

根据猫科动物学家 MAZAK 的研究，华南虎的条纹数量可能是中国所有亚种里面最少的。其毛皮上有着又短又窄的条纹，条纹的间距比孟加拉虎、西伯利亚虎的条纹要大，体侧还常出现菱形纹。华南虎比其他虎种要古老些，头骨长度与头骨宽度的比值较大，体型修长，腹部较细，更接近老虎的直系祖先——"中华古猫"。

▶知识链接

> 华南虎曾广泛分布于中国华东、华中、华南、西南的广阔地区，以及陕西、陇东、豫西和晋南的个别地区等等，但目前已面临着灭绝的危机。

华南虎主要生活在森林山地，多单独生活，通常不会成群结伴而行，多出现在夜间活动，嗅觉比较发达，行动相当敏捷，并且善于游泳，但是不会爬树。与其他虎的亚种相似，华南虎主要是猎食有蹄一类的动物，雄性华南虎则会攻击比较大的猎物，如黑熊以及马来熊等。一般来说，1 只老虎的生存至少需要 70 平方千米的森林，还必须生存有 200 只梅花鹿、300

※ 华南虎

只羚羊和 150 头野猪。野生华南虎吃新鲜肉，捕食对象包括野猪、野牛和一些鹿，猎物的体重从 30～90 千克不等。

华南虎每胎生 2～4 个仔，也有生 1 个仔或 5 个仔的。产仔的前些天，母虎会频繁地游荡生活，找个地势较高、有灌木或草丛隐蔽、人迹罕到的岩穴下做窝，以避免被雨淋到或者被猎人发现。生下仔虎后，母虎决不在哺育幼虎的附近山头或乡村进行捕食。幼虎出生后，毛色由灰黄变为浅黄，斑纹与色泽逐渐加深。母虎十分疼爱自己的幼仔，按时哺乳，同时经常用舌头舔虎仔。如果有不速之客闯入华南虎的育仔禁区，母虎将毫不客气地进行攻击，所以，误入禁区的人或畜往往会受到伤害。育仔时一旦稍受惊扰，母虎就会带仔转移到其他僻静的山地哺育。

## ◎濒临灭绝的原因

生存的威胁：包括栖息地被人为破坏、近亲繁殖和盗猎。

栖息地的破坏：人类大量砍伐森林，造成华南虎的数量急剧减少，仅剩下中国南部的一个孤立虎群。中国林业部最近根据推测华南虎出没的地方而列出了 20 个自然保护区。

近亲繁殖：由于华南虎数量太少，极容易进行近亲繁殖，导致疾病的产生，对周围环境变化的适应能力变弱，并且因此出现生殖问题。

盗猎：黑市对于虎骨、虎皮和老虎其他部位的需求仍然十分猖獗。一些人们总是认为传统中药里面如果添加了虎制品就会出现奇特的功效。巨大的经济利益驱使许多盗猎者们去猎杀野生老虎，即使他们知道这是违法的。

1956 年冬，福建的部队和民兵捕杀了 530 只虎、豹。在这场运动中，江西的南昌、九江、吉安以及福州捕杀了 150 多只老虎。1959 年冬，贵州有 30 多头虎、豹遭猎捕。1963 年广东北部共捕杀了 17 只老虎，雷州半岛也有 17 只被捕杀。1953 年至 1963 年，有一个专业打虎队在粤东、闽西、赣南共捕杀了 130 多只虎、豹。把老虎当作"害虫"是对华南虎的致命打击。

## ◎一只老虎与猴子、小偷的故事

一天傍晚，老虎想吃巨岳山下张老头的驴，它隐藏在张老头驴房附近的树丛里，注视着张老头的动静，专门等到天黑后待张老头走了好下手。

张老头喂完驴从驴房里出来，抬头看看满布乌云的天空又打量了一下破驴房自言自语地说："今晚上啥都不怕，就怕漏啊！"

老虎听了张老头的话非常纳闷，心想："这'漏'究竟是啥玩意儿，会不会很厉害？哎，'漏'哇'漏'，实在叫人琢磨不透啊！"它不敢贸然行事，疑虑重重地回到了林子深处。

猴子见了老虎这般模样后异常热情地说："虎哥，你愁眉苦脸还神秘兮兮的在嘟噜啥呢？莫非遇到了什么难处，说出来，我或许能帮你想想办法！"

老虎把刚才的情况向猴子叙述了一遍。猴子眨一眨眼想了想说："我们在这儿已经多年了，从来也没听说过有什么'漏'。"它看了看天说："莫非是天气不好，张老头担心漏雨？不如我们一块去看个究竟再说！"老虎一听担心会给猴子落下人情，急忙说："我早就这么想，不劳你辛苦！"急忙回到树丛中等待着。

待天黑后，张老头已回家休息，老虎赶紧蹿进了驴房，毛驴一看老虎来了吓得浑身筛糠，心想："这家伙进来还有我的好！主人呀你大概睡着了，我可是倒了霉了，不行我得将主人叫醒！不然我就没命了。"于是张开驴嘴"嗷——嗷——"地叫了起来。老虎不管这些，心想："你叫吧，冒险来一回，再叫也得吃了你！"老虎正想下口，只听上面'嗖'的一声，有个东西重重地落在虎背上。原来附近有个小偷潜藏在驴房上伺机偷张老头的驴，小偷想从破屋顶上跳进房子牵驴，没想到正好落在虎背上。

老虎吓了一跳，心想："张老头说的没错，果然有'漏'。"于是老虎撒腿就蹿。

老驴一看心想："嗨，还有专门捉老虎的，看你还敢吃我！你想吃我，人家还捉你呢，这下被蒙面人骑住看你往哪里跑？"老驴想："这是谁呢？或许是主人吧？平时我拉车拐磨没白干，主人时时想着我，不然我哪里还有命，今后得好好地给主人干活。"老驴不认为是自己的运气好，而认为是主人在保护自己的安全，它感到很幸福。

小偷以为自己赶巧落在驴身上呢，以为驴被弄惊了想跑，心想："我要的就是你，说啥也不能放！"于是抓住虎鬃两腿猛夹着虎腰骑着老虎在野外狂奔。月光下小偷看清了老虎的模样，明白了是怎么回事，知道自己骑的是可怕的虎而不是驴后，小偷又吓得不敢下来。

老虎心想："这玩意儿抓得还挺紧呢，早晚会对我下手，我可怎么活？不行，我得想法子将'漏'弄掉才是！"于是就往树行子里跑，瞅准一棵大树，一边跑一边往上蹭，小偷正愁没法脱身呢，忽然就看见逼近一棵大树，一伸手攀上了树枝，身子猛然悬空脱离了虎背。老虎觉得身子一轻，知道'漏'已被蹭掉，还担心再扑上来，老虎又喜又怕，跑得更快了。

老虎跑了好久，忽然听到猴子在叫："虎哥，虎哥！跑什么？"老虎看看后边没追上来，于是停下来张口气喘的说："不得了了，这回我是真的遇到'漏'了，要不是我跑得快，准就被它当点心吃了。"老虎气喘吁吁地把刚才的事叙述了一遍。猴子想了想说："我们这儿哪里有什么'漏'，你说这情况很可能是个小偷。不相信的话我们可以回去看看就知道了！"老虎听了猴子的话，以为诡计多端的猴子又想骗自己去冒险，立即火冒三丈："你这混蛋，向来诡计多端，损人利己，就喜欢搞恶作剧，我可不上你的当，再去遭受磨难。"

猴子听了嘻皮笑脸地说："虎哥，这次小弟真是想孝敬你，绝没有耍弄你的意思，为了表示我的诚意，我们就弄根藤条，用两头分别套在咱俩的脖子上，我们一块去，我在前你在后，一旦有事谁也别想丢下别人先跑，有福同享，有难同当，要死一块死，生死与共，怎么样？"老虎想了想觉得还行，于是答应和猴子一块去。

待在树上小偷担心老虎再来，一直没敢下来，思量了好久，看看天已大亮，以为老虎不再回来，正想下来回家，忽然听得一阵响动，看见老虎领着一只猴子又回来了，立刻慌了神，于是急忙以继续向上爬。

猴子指着树上惊慌失措的小偷对老虎说："虎哥你看！是不是人？你在下面等着！捉住他算我孝敬你的。"说着就爬树去捉小偷。小偷见猴子上来捉他，老虎在下边等着吃呢，吓得魂不附体，双腿打颤，腚不兜屎，噗啦一声，连拉带尿弄了一裤裆，顺着裤腿角儿就往下淌。猴子被臭得捂住鼻子说："好臭啊！"由于非常恶心，猴子的声音混浊不清，又累又乏的老虎正在树下低头愣神呢，忽然听见猴子似乎在说：'好漏呀'！正欲抬眼看时，赶巧小偷由于紧张过度，眼前一黑栽倒下来，"砰"的一声落在老虎跟前。老虎见了蒙面的小偷，心想：人哪有这个样！老虎以为真的是有'漏'，顾不得细看跳起来撒腿逃窜。

正在爬树的猴子被跑着的老虎一拽，从树上半空中扯了下来，扑腾腾摔了个半死，紧接着被老虎打滑车般的拖着奔跑，再也挣扎不起来。等老虎跑得筋疲力尽，看看后边没有危险，慢慢停下来时，猴子已被磨得皮开肉绽，唇不掩齿。老虎见猴子龇着牙似乎面带笑意，不由心生愠怒，张口气喘地说："猴弟，你怎么还笑呢？我现在又累又饿担惊受怕，几乎被你折腾死了。"老虎说完不见猴子的动静，连呼数声仍不见反应，用虎爪拍拍猴头才发现猴子早已死了。老虎向四下打量了一遍，听听没有动静，感觉又饿又乏，一声长啸，将猴子叼了起来，自言自语地说："猴弟呀，看来今天你是真的孝敬我了。"然后美美地啃吃起来。

这么一来，偷驴不成的小偷被摔成了残废，还躺在猛兽出没的野外生死难料；爱向坏人献殷勤讨便宜的猴子最终把自己的命也孝敬上了。而那个把朋友当成了美餐的老虎下场也不乐观，它吃饱了睡大觉，又困又乏，睡得太死，竟被猎人套住活捉了去。总之，坏人和帮坏人干坏事的家伙都不会有好的下场。

---

**拓展思考**

1. 我国都有哪几种虎？
2. 虎都有哪些价值？

# 跳跃高手——斑羚

*Tiao Yue Gao Shou —— Ban Ling*

斑羚善于跳跃，它是攀登的高手，在悬崖绝壁和深山幽谷之间奔走就像行走在平地一样，也能纵身跳下十多米深的深涧而安然无恙。

## ◎斑羚的外形特征

斑羚的体型大小与山羊相似，但是没有胡须；眼睛较大，向左右突出，没有眶下腺，耳朵也比较长。雌雄都具有黑色短直的角，但都比较小。角的基部靠得非常近，相距仅有 1～2 厘米，自额骨长出后向后上方倾斜，角尖向后下方略微弯曲；然而它的角尖部分比较尖锐、光滑，横棱之间有浅而细的纵沟，但不割裂横棱。雌兽的角稍微偏细，头部比较狭而短，面部比较宽，吻鼻部裸露区域也比较大，向

※ 斑羚

后延伸到鼻孔以后。没有鬣毛，但从头部沿脊背有一条黑褐色的背纹，喉部有白色或黄色的浅喉斑。四肢短而且均匀，蹄狭窄而且强健，有蹄腺。毛色随地区并且有差异，一般为灰棕褐色，背部有褐色背纹，并且喉部有一块白斑。体毛厚密、松软且蓬松，通常为灰褐色，但针毛的毛尖为黑褐色，远观时似乎有着若隐若现的麻点，所以也有"麻羊"之称。

## ◎生活环境

斑羚为典型的林栖兽类，栖息生活环境多样，从亚热带到北温带地区都有分布，可见于山地针叶林、山地针阔叶混交林以及山地常绿阔叶林，但从来没有出现在热带森林中。常在密林间的陡峭崖坡出没，并在崖石旁、岩洞或丛竹间的小道上隐蔽。一般数只或十多只一起活动。它们栖居的山地一般都有林密谷深、陡峭险峻的特点。冬天大部分时间会在阳光充

足的山岩坡地晒太阳，夏季就会隐身在树阴或者岩崖下休息，其他季节会经常在一些孤峰悬崖之上。

　　斑羚的视觉、听觉极其灵敏，叫声与羊非常相似。受惊时常摇动两耳，以蹄踩地，发出"嘭，嘭"的响声，嘴里还发出尖锐的"嘘，嘘"声。如果危险临近，就会迅速飞奔而逃，它们主要是以各种青草和灌木的嫩枝叶、果实以及苔藓等为食。

## ◎种群情况

　　到目前为止，还没有对斑羚的种群以及现状作过专项调查，全国储量也难以估计。但是据目前零星资料估计，获知四川省在过去几十年间平均年产毛皮 8000 张，其中四川西部横断山区及川北为其重点产地，估计过去野生种群至少有 2～3 万只。目前西藏自治区约有 2400 多只，广西东北部山区的斑羚，其种群数量均十分稀少，本种曾记载于广东北部山地，但从 50 年代始的历次考察中均未获过标本，说明数量十分稀少，至于东北和华北地区的种群数量情况到现在都没有详细的记录。

## ◎致危因素

　　栖息于森林中的斑羚，由于过去的林木被大量砍伐，导致适应的栖息地不断丧失，生存空间日益缩减、分割，这是最主要的致危因素。自 1972 年起，国家主管野生动物的有关部门已把斑羚列为保护动物，但由于宣传教育的力度不到位，当地猎民为获取其肉、皮和制药的原料还是会大量捕杀，这也就造成了野生种群日渐稀少的另一原因。

|　拓展思考　|

　　1. 斑羚与鹿瞪羚有哪些相同之处？
　　2. 斑羚主要有哪些价值？

# 保护濒危动物的主要措施

*Bao Hu Bin Wei Dong Wu De Zhu Yao Cuo Shi*

**中**国野生动物保护协会等多个单位一齐面向全社会做出了"保护地球、保护大自然，拯救濒危野生动物"的倡议。然而，保护濒危动物是需要采用法律、经济等途径来完成的。

## ◎主要措施

对于保护濒危动物首先做的是建立自然保护区，通过建立自然保护区，不仅可以保护濒危动物及其栖息地，并且还可以使其他种类的野生动物也得到很好的维护。

其次是开办驯养繁殖的场地，驯养繁殖是保护、发展和合理利用濒危动物资源的一条非常重要的路径。在发展人工繁殖种群的同时，不但可以防止、延缓物种的灭绝时间，又可以满足人们在生活中所需要的一些物质，减少对野生种群的猎捕压力，还可以实施再引进工程提供种源，重建或壮大物种的野生种群数量。

第三是创办资源监测以及科学研究，然而这个办法是保护和持续利用濒危动物的必要条件。通过资源监测，可以了解濒危动物野生种群数量的消失原因、生存环境以及分布区的变迁，同时也为国家制定有关保护管理利用政策积极地提供了科学依据。创办濒危动物的生物学研究，不但利于了解濒危动物的致危原因，并且还能研究解决濒危动物的救护等问题。

第四是提高法律保护意识，加大执法力度，禁止或限制商业需要的开发利用。随着经济的发展和人们生活水平的提高，濒危之物的市场需求也将不断地扩张，保护管理的难度也会不断地增加，必须通过法律的手段来规范濒危动物保护管理以及经营利用行为。对于那些目前尚未濒危，但开发利用强度很高的一般动物，还需要将其列为重点保护动物，限制对其野外资源的开发利用活动；对于一些市场需求较大、经济价值较高的濒危动物，并且还需要适当的提高对它们的保护级别，禁止或限制开发利用野外资源。应鼓励对一些濒危动物开展驯养繁殖，对于濒危程度较高的种类，则需要国家和社会扶持开展驯养繁殖，禁止对其种类资源的开发利用。

第五是有必要开展国际合作，引进资金以及先进的经验、技术和设备。濒危动物是全世界的共同财产，对濒危动物的保护管理更是当今国际社会关注的焦点之一。我国目前为发展中国家，濒危动物保护管理资金严重不足，技术、设备和保护管理方法都还没有到位和完善，需要从发达国家引进资金技术和设备，向有关国家学习先进经验等。

我们应该认识保护濒危动物的重要性，自觉保护濒危动物以及它们的栖息环境，主动向亲友宣传野生动物保护管理的法律法规；坚决杜绝利用野外来源的濒危动物，做到不吃、不用、不养野外来源的濒危动物或者其他的生物。并且积极戳穿破坏濒危动物资源的违法行为，积极为濒危动物保护部门或者单位献计捐资，支持濒危动物的保护管理工作。

**▶知识链接**

对于人性，道德上的真正考验、根本性的考验，在于如何对待那些需要他怜悯的动物。然而在这方面，人类已经遭到了根本性的溃败，这溃败是如此的彻底，其他所有的败坏都由此而滋生。

——捷克著名作家，米兰·昆德拉

## ◎对于濒危鸟类的主要保护措施

目前不少名贵的、珍稀的鸟类已经成为饭桌上的食物，成为人们捕杀的对象。

一、堵住野生动物在市场的流通渠道，只要他们猎杀的野味不能在市场上卖，且会受到法律的制裁，那么猎杀野生动物的现象将会大大地减少。

二、我们应该在野生资源得到保护的基础上，适当满足人民需求，建立野生动物饲养基地。

※ 美丽的小鸟

三、为捕猎鸟类而弃法于不顾，那么等待他的将是法律的惩罚，绝不手软。"打"是一种手段，只有严打，才能保护野生动物资源。

不少鸟类有着很高的食用价值、药用价值。养鸟可以使农村副业经济得到促进，使饲养人走向致富之路；客观上又减少了人民对大自然野生动物的捕杀，保护了有限的动物资源。

濒临灭绝的动物

### 鱼类的保护措施

大坝建设应在考虑人类需要的同时兼顾鱼类生存的需要。

一、保护水域自然环境。

二、合理捕捞。

三、开展濒危鱼类保护生物学研究。

四、建立自然保护区。

五、坚持合理引种。

六、开展人工繁殖和放流等措施。

※ 漂亮的鱼

由于人的因素的参与，在人类生活和生产的直接影响下，或多或少改变和破坏了生物多样性的格局。

### 爬行、两栖动物保护措施

在修路、水渠、人工堤坝、频繁的人类活动地区，都会对其自然动物生存产生一定的影响。还有重要的一点，就是人们对某些两栖爬行动物的偏见，很多人即使不厌恶两栖爬行动物，对它们也没有任何好感。

保护爬行、两栖动物，应在它们的生态区域开辟保护区，这是一种行之有效的保护措施：

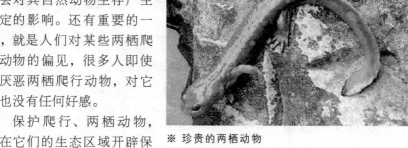

※ 珍贵的两栖动物

一、自然保护区建设。

二、动物保护法实施。

三、迁地保护。

四、人工饲养繁育。

除此之外，应在这几种措施之内，提出与两栖、爬行动物的生态特点

第五章 珍贵的哺乳动物
ZHENGUIDEBURUDONGWU

相适应的具体保护对策，并且应该是切实可行的方法。

### 哺乳动物类保护措施

一、对哺乳动物实行加强资源保护、积极驯养繁殖、合理开发利用的方针，鼓励开展野生动物科学研究。

※ 可爱的猴子

二、在野生动物资源保护、科学研究和驯养繁殖方面成绩显著的单位和个人，由政府给予奖励。

三、中华人民共和国公民有保护野生动物资源的义务，对侵占或者破坏哺乳动物环境资源的行为有权检举和控告。

四、政府应当加强对野生动物资源的管理，制定保护、发展和合理利用野生动物资源的规划和措施。

五、国家保护野生动物及其生存环境，禁止任何单位和个人非法猎捕或者破坏。

六、国家和地方重点保护野生动物受到自然灾害威胁时，当地政府应当及时采取拯救措施。

哺乳动物是一群有思想、有组织、有情感的动物，它们属于灵长类。它们与我们完全一样，它们的生存空间不应该受到侵占，它们的生命形式应该受到尊重，一切的症结都在于人心。

## ◎关于鸟类的故事

一辆崭新的轿车在草原上奔驰着，窗外是无边无际的海拉尔草原，随着车轮的行进，草原像一幅巨幅风景画无限地伸延着，车里的人们都在尽情地欣赏着大自然的美好。走着走着，突然听到一声"啪"的响声，紧接着，车窗上开放了一朵鲜红的花儿，就像一朵鲜艳的玫瑰。又是一声"噼噼啪啪！"一朵朵红玫瑰不断地开放着，不一会车窗上已是血红一片了。

经常奔驰于草原的司机一定见惯了这种怪事的，一直无动于衷，好像根本没看到这些飞来的红玫瑰，继续向前开车。我却被这种情景惊呆了，车窗上已是鲜红一片，而且"噼啪"声还在响个不停。"这是什么？为什么这么多红色？"我用力拍着车座，大声地问司机。"不用紧张，那是些撞死的鸟儿！"司机的声音很平静，就好像是什么事也没有发生过。

撞死的鸟儿？会有那么多的鸟儿撞车？是不是我们妨碍了鸟儿的正常生活？我像连珠炮似的问了一串问题。我以为是车速太快，迎着鸟群开去时，鸟群来不及躲开，就撞在了车窗上。这样想着，心里一阵阵不安，忙让司机把车开得慢一些，好给那些飞过的鸟儿让路。

"没用的，真的没用的，这是些自杀的鸟儿，即使你把车子停下来，它们还是要往车上撞的。"司机边说边放慢车速，车子慢了许多，但窗外还是不时传来"啪！啪！"的响声。我不相信司机的话，心里觉得他是在为自己的急于赶路找借口。哪有那么傻的鸟儿，汽车停了还要往车窗上撞呢？

汽车又走了一阵，来到了一条小河边，司机停下来，要下车加些水，我也下车为活动活动筋骨。刚走出两步，就听到身后的汽车又是一声沉闷的声响，回头看时，就见一只鸟儿死在汽车的引擎盖上了。死去的是一只百灵，是那种被人称为灵巧可人、歌喉婉转的小生命。现在的它静静地躺在车身上，嘴角挂着一缕血痕。

我捧起这只小百灵，却被它的那双眼睛惊呆了：这分明是一双愤怒的眼睛！它在生命的最后一刻，一定对人类充满了怨恨。

我相信了司机所说的"自杀"的说法。鸟儿分明是在以这种方式向人类说明着什么。拥有广阔的蓝天美丽草原的鸟儿，为什么会自杀呢？汽车加完了水，又开始上路了，司机为我解释了鸟儿自杀的谜团。

就在十年前，一支钻井队开进了海拉尔大草原，他们的到来，给鸟儿带来了一场灾难。野外生活十分艰苦，这里地广人稀，工人们几乎没有任何业余生活。从井台工作回来，青年工人闲不住，就到草原上捕鸟儿来打发多余出来的时间。

一个人开了头，捕鸟的活动越来越厉害，工人简直把捕鸟当成了他们生活的一部分。工人准备气枪、铁夹、尼龙网，就像一片天罗地网等待着弱小的鸟儿们。捕来的鸟儿在营房里煎炒烹炸。有时，一个井队工人的捕鸟量一天多达几百只，屈死的鸟儿的羽毛和残体在草原上到处可见。每当有贵客光临井队，井队的工人更是以百鸟为宴大吃大嚼的时候，也正是天空里的鸟儿们痛苦万分的时候。

鸟儿为争取自己的生存空间而进行不屈不挠的斗争。十年之间，弱小的鸟类与强大的人类的斗争从来没有停止过。它们成群结队地在高空中投下"炸弹"——将粪便洒在人们的头盔上，有时它们将粪便故意洒在工人

们洗干净的衣服上，把一件件好好的衣服弄得像一张地图。有时它们奋不顾身地钻进配电盘，以自己的身体将电路弄坏，不惜将自己活活烧死。十年里鸟与人类的斗争如火如荼，人类并没有因此而觉醒，他们仍将屠刀对准弱小的鸟儿。听着司机的话，再看看窗外那鲜红的血色，我的心情沉重如铅："自杀，是鸟儿采用的最后一招了，它们为了保护同类不想受到人类的伤害，只有用生命来擦亮人类的良知了。"司机的声音也低沉下来。

听着这个悲惨的故事，我仿佛听到了鸟儿们生命的呐喊：不要再剥夺我们生的权利！不要再拆散我们家庭！

鸟儿们一定是有情感有良知的，它们生存的愿望是那么强烈！它们保护自己家园的决心是那么坚定！但愿这些自杀的鸟儿能使人类有所醒悟。

## ◎关于爬行动物的小故事

一所房子要拆迁了，这家房子的主人在一面已经拆除了一半的墙中发现了一只被钉子穿身而过的蜥蜴。主人记起来这个钉子使自己为了挂结婚照片于20年前亲手钉到墙上的，没有想到却将一只生命钉中，可是最令人吃惊的是这只蜥蜴慢慢地动了起来，它还活着。

主人很惊奇。他坐在旁边细细地观察，看为何这只蜥蜴可以钉在墙上20年都不会死。经过几天的观察，主人发现了秘密：原来这只蜥蜴的同伴不断从四处找来食物喂它，而且一喂就是二十年！

## ◎关于鱼类的小故事

一个家庭主妇一次准备油炸几条黄鳝鱼作为晚餐上面的一道菜。她将买来的几条黄鳝鱼都放到水里，撒上盐巴（可以使鱼将肚子里面的脏物吐出来，鱼被撒盐的淡水泡过以后浑身痉挛，会不断地将肚子里面的东西吐出来）。

过了一会，等这些鱼将肚子里面的脏物吐的差不多了。开始一条一条地放到油锅里面去炸，被炸的黄鳝总是会在油锅里面痛苦地挣扎着直到死亡。当炸到一条大黄鳝的时候，这条黄鳝并没有像别的黄鳝一样不停地挣扎，而是头冲下，尾朝上的一下立了起来。

家庭主妇被眼前的景象镇住了，她捞出了大黄鳝，然后切开了它的肚子，发现里面还有一只活蹦乱跳的小黄鳝。

对大黄鳝来说，那只小黄鳝不一定是它的孩子。但它还是在盐水中痛苦地把它吞了下去，而且在几百度的高温油锅中，拼死保护着小黄鳝，这就是动物之间的真情。

## ◎关于哺乳动物的故事

台北一动物园中一只刚丧失爱子的猪尾猴妈妈，将一只长臂猿扔掉的新生宝宝，当作自己的孩子来抚养。

不久前，猪尾猴"伊娃"怀孕生子，但工作人员发现小猴一生下来就已经死亡，当动物园工作人员想拿走小猴时，首次怀孕的伊娃却怎么也不肯放手，走到哪里都带着它的宝宝，并不停地哀鸣，让人听了都感到鼻酸。当工作人员好不容易取出小猴后，伊娃便整日垂头丧气，吃喝无力，非常哀伤。

几天后，动物园里一只白手长臂猿妈妈"小乖"也第一次怀胎生下长臂猿宝宝，不过由于小乖是被人工哺育长大的，根本不懂得照顾宝宝。猿宝宝生下来，脐带都还连着胎盘没断，小乖竟然将碍手碍脚的长臂猿宝宝拉起摔开。

经过兽医急救处理，将长臂猿宝宝的脐带剪断，消毒后放回妈妈小乖身上，没想到妈妈小乖竟一再拒绝，把猿宝宝推开，无辜可怜的猿宝宝就这样吃不到奶，也不明白发生什么事了。

动物园人员灵机一动，把猿宝宝放到痛失爱子的猪尾猴伊娃身旁。刚开始，伊娃怀疑地绕着猿宝宝，没跑开也没伸手抓它。突然，小小的猿宝宝坐不住了，不小心从栖架上往下掉，在大家的一片惊呼声中，只见伊娃一个箭步跳下去接住了猿宝宝并将其拥入怀中，轻轻安抚拍着猿宝宝。

自从伊娃救了猿宝宝一命后，伊娃开始将猿宝宝视如己出，每天亲自喂奶，抱着猿宝宝，也不让工作人员碰触宝宝，流露出浓浓的母爱，谁也抢不走伊娃的"孩子"。

## ◎鹿的母爱之深

在古时候有一个猎人经常打猎，由于他涉猎百发百中，是个远近闻名的好猎手。猎人也以此为豪。

有一天，猎人像往常一样走进森林打猎。他忽见一对母鹿和小鹿在森林里漫步，母鹿在前，小鹿紧跟在后。母鹿不时地回头，仿佛是催它心爱的小鹿："快快走，别走丢了"。就在这时，猎人毫不犹豫地举起他的弓，一箭射中了小鹿的脖子，顿时鲜血如注，小鹿慢慢地倒下最后死了，然而，母鹿见此也慢慢地倒在了小鹿的身边。

猎人快速地走近了母鹿和小鹿，只见母鹿也死了，并且神情尤其悲伤。猎人觉得很奇怪，他根本就没有射到母鹿，母鹿怎么就死了。就用刀打开了母鹿的腹部，母鹿的心、肝和肺都已裂开，母鹿是因为小鹿的死而悲恸欲绝才会死的。

猎人看了后，觉得十分难过和内疚，埋葬了母鹿和小鹿。从此他再也不打猎了，并归隐山中修道，最终修成圆满。

动物和人类一样都是有感情的。由于现代人生活富裕，把一些非常珍贵的野生动物抓来煮食或做成药材来补身体，才会使一些非常少见的野生动物已经面临绝种的危机，要保护这些快要绝种的野生动物。从自身健康和保护野生动物资源的角度，不食用野生动物，把保护地球，爱护动物当成自身的准则，让我们为了共同美好的明天而努力吧！

| 拓展思考 |

1. 对于保护濒危动物，你还有哪些好的建议？
2. 在大自然中，你还发现有哪些动物也在面临着灭绝的威胁？

濒临灭绝的动物